MANGA DE WAKARU RYOSHI-RIKIGAKU
by Jun Fukue

Copyright © 2014 by Jun Fukue
All rights reserved.
Original Japanese edition published in 2014 by SB Creative Corp.

This Korean edition is published by arrangement with SB Creative Corp., Tokyo
in care of Tuttle-Mori Agency, Inc., Tokyo
through Yu Ri Jang Agency, Seoul.

이 책의 한국어판 저작권은
유리장 에이전시를 통한 저작권자와의 독점 계약으로
(주)살림출판사에 있습니다.
저작권법에 의해 한국 내에서 보호를 받는 저작물이므로
무단 전재와 무단 복제를 금합니다.

등장인물 소개

칸나
언제나 이성적이며
냉정하게 행동한다.
세상에서
우주와 물리학을
가장 좋아한다.

치요메
너그러운 언니 같은 성격이다.
머리는 좋지만
조금 엉뚱한 면이 있다.

사야
셋 중 막내로
분위기 메이커이다.
칸나에게
어리광을 잘 부린다.
머리로 생각하기보다
몸 움직이기를 더 좋아한다.

들어가며

 미시 세계는 일반 상식으로 짐작할 수 없는 기묘하고 불가사의한 현상으로 가득하다. 이러한 미시 세계의 현상을 설명하는 '양자론'은 일반적인 방법으로 이해할 수 없을 정도로 복잡하고 기이하게 얽혀 있다. 그래서 이 책은 양자론을 만화의 힘을 빌려 알기 쉽게 설명하고자 했다.

 다양한 물리 이론은 우리가 사는 세상의 이치를 설명한다. 물체의 운동을 설명하는 '뉴턴역학', 물이나 공기의 흐름을 연구하는 '유체역학', 열의 성질을 밝히는 '열역학', 공기 분자의 움직임 등을 분석하는 '통계역학', 빛의 반사나 굴절을 설명하는 '광학', 물체의 낙하나 천체의 운동을 해석하는 '만유인력의 법칙', 전기·자기·전자기파를 연구하는 '맥스웰의 전자기학' 등이 있다. 이처럼 우리 주변, 일상적인 세계의 구조를 설명하는 이론을 '고전물리학'이라고 한다. '고전'이라는 말을 붙인 이유는 20세기 초에 등장한 양자론과 구별하기 위해서이다.

 20세기 초는 현대물리학 발전의 위대한 결실인 '상대성이론'과 '양자론'의 기초가 세워진 시기다. 상대성이론은 아인슈타인이 대부분 혼자의 힘으로 완성한 것으로, 광속에 가깝거나 중력이 강한 상태의 세계를 설명한다. 이에 반해 양자론은 많은 천재가 서로 돕거나 경쟁하면서 완성시킨 이론으로 미시 세계를 설명한다. 두 이론 모두 세상 이치의 본질을 그리면서도 뉴턴역학을 포함하여 각각의 방향으로 발전하고 일반화된 상위 이론이다. 단, 고전물리학과 양자론을 구별할 때 사건이 예측 가능해서 결정론적으로 다뤄지는 상대성이론은 고전물리학으로 분류한다.

상대성이론이나 양자론은 상식에서 상당히 벗어난 이론이어서 내용을 이해하기가 그리 쉽지 않다. 그나마 상대성이론은 일상의 상식을 버리고 몇 개의 기본 원리만 받아들이면 비교적 이해하는 데 어렵지 않다. 그러나 양자론은 연관된 개념이 많은데다 그것들이 그물처럼 얽혀 있어 보통의 방식으로는 제대로 알기 힘들다.

이 책에서는 양자론의 이해를 한 단계씩 넓혀 가는 순서대로(양자론이 발전한 역사와 비슷한 흐름이기도 하다) 관련 개념을 나누어 차근차근 소개한다. 각 장을 하나의 개념으로 엮다 보니 같은 이야기가 반복되기도 하는데 장별로 읽고 이해하기 바란다.

제1장 '양자론 이전의 미시 세계 – 고전물리학의 묘사'에서는 미시 세계가 어떻게 구성되는지 고전물리학의 범위에서 간단히 정리한다. 그리고 원자 구조나 빛의 성질이 밝혀지는 과정을 쭉 훑어본다. 이어진 제2장 '이상한 미시 세계! – 무너진 고전물리학'에서는 미시 세계를 설명하면서, 뉴턴역학에 기반을 둔 고전물리학이라는 기존의 틀이 무너지는 과정을 소개한다. 미시 세계의 현상에 고

전물리학을 적용하면 여러 모순이 생긴다는 사실이, 19세기에서 20세기로 넘어가는 시기에 명확해진 것이다.

제3장부터 7장까지는 20세기 초 이후 30여 년에 걸쳐 완성된 양자론과 양자역학의 골격을 이루는 기본적인 내용을 다룬다.

제3장 '띄엄띄엄한 미시 세계―양자론의 시작'은 미시 세계에서는 모든 사물이 띄엄띄엄(불연속적) 존재한다는 관측 사실과 초기에 나온 해석을 다룬다. 제4장 '미시 세계의 두 얼굴―파동과 입자의 이중성'에서는 미시 세계의 특이한 성질인 이중성과 관련한 관측 사실을 소개한다. 제6장 '불확정적이며 확률적인 미시 세계!―새로운 생각'에서는 미시 세계에서 일어나는 현상이 불확정하며 확률적이라는 사실을, 실제 실험 결과와 양자론적 해석을 통해 소개한다. 미시 세계에서 일어나는 현상은 일반 상식과 매우 다르다. 모두 띄엄띄엄 존재하고(불연속적) 이중적인 특성을 가지며 모호하고(불확정성) 결정할 수 없기(확률적) 때문이다. 제5장 '2개의 길―양자역학의 완성'에서는 양자역학의 2가지 이론을 소개하는데 이해하기 어려우면 적당히 넘어가도 좋다.

양자론이 일반 상식과 매우 다르지만 양자론 자체가 일상과 동떨어진 세계는 아니다. 우리 삶과 가까운 세계에도 양자론으로 설명되는 현상이 많다. 제7장 '우리 주변은 양자투성이?―양자론이 떠받치는 현대 문명'에서는 여러 사례들을 살펴보고 양자론이 현대 문명에 어떠한 영향을 미쳤는지 소개한다.

제8장 '대칭의 세계-입자물리학의 발전'과 제9장 '시공간과 세상의 이치-양자론의 미래'에서는 양자론의 발전 과정을 살펴보고 앞으로 어떻게 발전해야 하는지 간단히 짚어 보았다.

마지막으로 제10장 '달은 그곳에 있을까?-양자론의 패러독스'에서는 유명한 '슈뢰딩거의 고양이'를 비롯해 양자론 해석을 둘러싼 기묘한 이야기를 몇 가지 소개한다. 양자론은 불가사의하지만 한편으로는 매우 흥미롭다는 사실을 더 깊이 이해할 수 있을 것이다.

―후쿠에 준

들어가며 006

제1장
양자론 이전의 미시 세계
고전물리학의 묘사

1 물체와 물질 그리고 원자와 분자 018 | **2** 원자와 원소 그리고 주기율표 020 | **3** 원자와 빈 공간 022 | **4** 진공과 에테르 024 | **5** 원자론과 에너지론 026 | **6** 전자의 발견 028 | **7** 방사능과 감마선의 발견 030 | **8** 원자를 원자로 쏘다 032 | **9** 양성자와 중성자의 발견 034 | **10** 입자로 이루어진 원자와 원자핵 : 고전물리학 036 | **11** 빛과 스펙트럼 038 | **12** 빛의 직진·반사·굴절 040 | **13** 빛의 분산·회절·간섭 042 | **14** 전기와 자기 그리고 전자기파 044 | **15** 파동인 빛과 전자기파 : 고전물리학 046

제2장
이상한 미시 세계!
무너진 고전물리학

1 왜 원자는 쪼개지지 않을까? 050 | **2** 빛은 입자인가, 파동인가 ❶ 052 | **3** 빛은 입자인가, 파동인가 ❷ 054 | **4** 희한한 광전효과 056 | **5** 희한한 열복사 058 | **6** 플랑크의 양자 가설 060 | **7** 아인슈타인의 광양자 가설 062 | **8** 입자처럼 행동하는 빛과 전자기파 : 양자론 064 | **9** 파동처럼 행동하는 전자와 물질입자 : 양자론 066

제3장

띄엄띄엄한 미시 세계
양자론의 시작

1 불연속적인 세계 070 | **2** 수소 스펙트럼 072 | **3** 에너지 준위 074 | **4** 보어 모델 076 | **5** 양자조건의 의미 078 | **6** 보어의 대응 원리 080 | **7** 초기 양자론의 문제점 082

제4장

미시 세계의 두 얼굴
파동과 입자의 이중성

1 단일 슬릿을 이용한 회절 실험 086 | **2** 이중 슬릿을 이용한 간섭 실험 : 고전물리학 088 | **3** 이중 슬릿을 이용한 간섭 실험 : 양자론 090 | **4** 전자도 자기 자신과 간섭한다 092 | **5** 콤프턴 효과 094 | **6** 스핀과 내부양자수 096 | **7** 파울리의 배타 원리 098 | **8** 페르미온과 보손 100

제5장

2개의 길
양자역학의 완성

1 보이는 것이 전부 104 | 2 하이젠베르크의 행렬역학 106 | 3 가환과 비가환 그리고 행렬 108 | 4 슈뢰딩거의 파동역학 110 | 5 복소수와 허수의 해 112 | 6 고유값과 양자화 114 | 7 파동함수의 의미 116 | 8 디랙 방정식 118 | 9 양전자와 반물질 120 | 10 쌍소멸과 쌍생성 122

제6장

불확정적이며 확률적인 미시 세계!
새로운 아이디어

1 모든 사건은 확률적으로 일어난다 126 | 2 파동함수와 전자구름 128 | 3 전자구름은 존재 확률의 구름 130 | 4 확률적인 실험 결과 132 | 5 불확정성 원리 134 | 6 에너지도 불확정 136 | 7 코펜하겐 해석 138 | 8 신은 주사위를 굴리지 않는다 140

제7장
우리 주변은 양자투성이?
양자론이 떠받치는 현대 문명

1 형광등 불빛으로 피부가 그을리지 않는 이유 144 │ **2** 어두운 밤하늘에서 빛나는 별이 보이는 이유 146 │ **3** 방 안의 양자들 : 텔레비전, CD, DVD 148 │ **4** 휴대품에서의 양자들 : 시계, 디지털카메라, 휴대전화 150 │ **5** 거리의 양자들 : LED 신호등 152 │ **6** 터널 효과와 에사키 다이오드 154 │ **7** 교통·운송 : 자기부상열차 156 │ **8** 의료 : X선, MRI, PET 158

제8장
대칭의 세계
입자물리학의 발전

1 베타 붕괴와 중성미자 162 │ **2** 핵력과 중간자 164 │ **3** 이렇게 많아도 '기본' 입자? 166 │ **4** 쿼크의 등장 168 │ **5** 자연계를 지배하는 4가지 힘 170 │ **6** 힘의 통일이론 172 │ **7** 역장도 입자가 전달한다 174 │ **8** 힘을 전달하는 입자는 보손, 물질을 구성하는 입자는 페르미온 176 │ **9** 초대칭 입자 178 │ **10** 점입자에서 끈입자로 180 │ **11** 초끈이론 182

제9장
시공간과 세상의 이치
양자론의 미래

1 양자 진공 186 | **2** 카시미르 효과 188 | **3** 진공의 상전이 190 | **4** 제4의 상전이 : QCD 상전이 192 | **5** 제3의 상전이 : 와인버그–살람 상전이 194 | **6** 제2의 상전이 : 대통일이론 상전이 196 | **7** 제1의 상전이 : TOE 상전이 198 | **8** 질량의 의미 200 | **9** 힉스 입자와 힉스장 202 | **10** 시공간의 최소 단위 : 플랑크 스케일 204

제10장
달은 그곳에 있을까?
양자론의 패러독스

1 광자는 어느 쪽 슬릿을 통과했을까? 208 | **2** 광자는 자신이 갈 경로를 어떻게 알고 있을까? 210 | **3** 양자 상태의 중첩 212 | **4** 관측과 양자 상태의 수축 214 | **5** 슈뢰딩거의 고양이 216 | **6** 위그너의 친구 218 | **7** 에버렛의 다세계 해석 220 | **8** EPR 패러독스 222 | **9** 비국소성과 양자 얽힘 224

마치며 226

일러두기
본문의 만화는 일본 만화 특성상 오른쪽에서 왼쪽으로 읽어 주세요.

제1장

양자론 이전의 미시 세계
고전물리학의 묘사

뉴턴역학과 맥스웰 전자기학 등을 고전물리학이라고 한다. 양자론 이전에 발전했던 고전물리학은 미시 세계를 어떻게 묘사하며 풀어 나갔을까? 양자론 이전에는 물질이 원자나 분자처럼 아주 작은 구성 입자로 이루어져 있다고 생각했다. 또 빛(전자기파)은 진공에서 전달되는 특별한 파동이라고 여겼다.

1 물체와 물질 그리고 원자와 분자

우리 주변의 물체나 물질은 원자나 분자라는, 눈에 보이지 않는 아주 작은 입자들로 이루어져 있다.

책상, 컴퓨터, 자동차처럼 형태가 있으면 '물체'라고 하고, 컴퓨터나 자동차의 재료가 되는 철이나 플라스틱을 '물질'이라고 한다. 공기나 물은 물질이지만, 같은 물 분자로 되어 있어도 얼음을 깎아서 조각상을 만들면 물체가 된다. 대상의 형태나 기능에 초점을 맞춘 경우에 물체라고 하고, 대상의 성질이나 움직임에 주목한 경우를 물질이라고 한다.

물질에는 고체·액체·기체·플라스마, 이렇게 4가지 상태가 있다. 물을 예로 들어 보자.

물은 산소 원자 1개와 수소 원자 2개가 결합한 물 분자로 이루어져 있다. 온도를 낮추면 물 분자 간의 간격이 좁아지면서 단단한 고체인 얼음이 된다. 얼음에 열을 가하면 1기압, 섭씨 0도(절대온도 273K)에서 액체인 물이 된다. 여기에 계속 열을 가하면 액체인 물의 표면에서 물 분자가 날아가며 수증기로 변한다.

온도를 더 높여 약 3,000K가 되면 물 분자를 구성하던 수소 원자 2개와 산소 원자 1개로 나뉜다. 그리고 약 10,000K를 넘으면 수소 원자가 플러스 전하를 띤 원자핵(수소의 경우에는 양성자)과 마이너스 전하를 띤 전자로 분해된다. 이것을 '플라스마'라고 한다.

물 분자처럼 물질의 성질을 가진 입자를 분자라고 하고, 산소나 수소처럼 가장 작은 구성 요소를 원자라고 한다.

2 원자와 원소 그리고 주기율표

원자에는 같은 원자라도 조금 다른 종류가 있다. 예를 들어 수소 원자는 수소, 중수소, 삼중수소가 있다. 원래 수소 원자는 양성자가 1개인 원자핵과 전자 1개로 이루어져 있다. 그런데 중수소는 양성자 1개와 중성자 1개인 원자핵과 전자 1개로 이루어져 있다. 또 삼중수소는 양성자 1개와 중성자 2개인 원자핵과 전자 1개로 이루어져 있다. 원자핵에 포함된 중성자의 개수는 다르지만 전자의 수가 모두 같아서 화학적인 성질에는 변함이 없다. 이처럼 질량은 다르지만 화학적으로 비슷한 성질을 가진 원자를 '동위원소isotope'라고 한다.

원자는 하나하나의 입자를 말하지만 같은 종류의 원자를 한데 묶어서 '원소element'라고 부른다. 그리고 화학적인 성질에 따라 원소를 나열한 것이 원소의 '주기율표periodic table'이다. 동위원소까지 모두 포함하면 원자의 종류는 수천 가지에 이르지만 원소로 분류하면 약 110가지로 정리된다.

또 원자가 결합하면 분자가 되는데, 산소 분자처럼 2개의 원자가 결합하면 이원자 분자, 알코올 분자나 C_{60}처럼 여러 개의 원자가 결합하면 다원자 분자, 단백질이나 DNA처럼 아주 많은 원자가 결합하면 고분자라고 한다. 헬륨이나 아르곤은 분자를 만들지 않기 때문에 원자 1개를 분자로도 보는데 이를 단원자 분자라고 한다.

우리는 어떻게 눈에 보이지도 않는 원자나 분자의 개념을 알게 되었을까? 시대에 따라 어떻게 변화했는지 살펴보자.

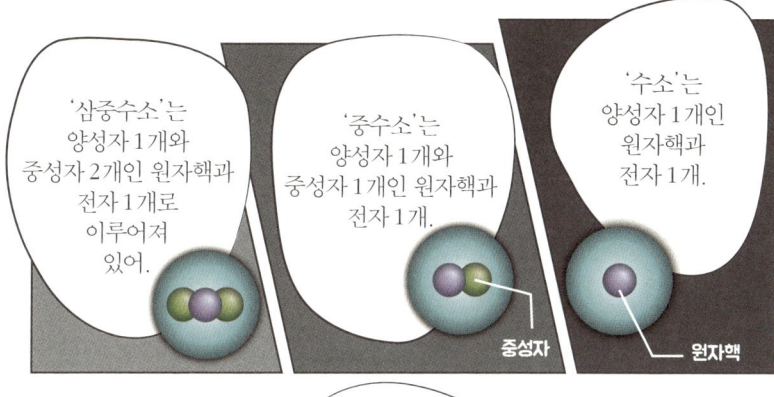

3   원자와 빈 공간

인간은 오래전부터 우리를 둘러싼 세계가 무엇으로 만들어졌고, 어떠한 구조로 되어 있는지 궁금했다. 인류 역사에서 처음으로 원자의 개념을 이야기한 사람은 그리스의 자연철학자인 데모크리토스였다. 기원전 5세기경에 활약한 데모크리토스는 세계가 무수히 많은 원자atom와 원자들이 운동하는 진공kenon으로 구성되어 있다고 설명했다.

데모크리토스는 원자가 눈에 보이지 않을 정도로 아주 작고 딱딱한 알갱이로, 이 알갱이가 다양한 물질을 구성하는 입자라고 생각했다. 영어로 원자를 의미하는 아톰atom의 어원인 'atomos'는 그리스 어로 '자르다, 쪼개다'를 의미하는 'tomos'에 부정사 'a'를 붙인 단어로 '더 쪼갤 수 없다'는 의미이다. 데모크리토스는 우리 주변에 무수히 많은 원자가 있고, 형태나 크기가 다른 몇 가지 종류의 원자가 모여 물질이나 물체를 만든다고 생각했다. 그리고 어떠한 원자끼리 모였느냐에 따라 물체, 불, 냄새 등의 다양한 현상을 설명할 수 있다고 여겼다.

원자가 결합하거나 운동을 하려면 원자가 존재하지 않는 빈 공간void(보이드)이 반드시 있어야 한다. 빈 공간이란 말 그대로 아무것도 존재하지 않는 '무無'를 의미한다. 그런데 정말 아무것도 없는 '무'가 존재할 수 있을까? 어쨌든 실제로 물체는 운동하므로 공간이 원자로 꽉 채워져 있지 않다는 생각은 틀림없다. 원자와 마찬가지로 진공(빈 공간)의 개념은 고대 그리스 시대부터 있어 왔는데, 오늘날에는 '장field'이라는 개념으로 다시 논의되고 있다.

4 진공과 에테르

원소의 개념은 고대 그리스 시대부터 시작되었다. 데모크리토스의 뒤를 이어 기원전 4세기에 활약했던 철학자는 아리스토텔레스이다. 아리스토텔레스는 "모든 인간은 죽는다. 소크라테스는 인간이다. 그러므로 소크라테스는 죽는다."라는 삼단논법으로 유명하다.

아리스토텔레스는 우주의 구조를 지상계와 천상계로 구별하였다. 지상계는 흙·불·공기·물의 4원소가 다양하게 결합해서 구성된다고 했다. 천상계는 완벽한 원으로 구성된 완전무결한 것으로 특별히 천상계를 구성하는 하늘의 물질을 제5원소, 에테르ether라고 했다.

오늘날까지 발견한 원소의 종류는 100가지가 넘는다. 이 원소들이 다양하게 결합하면서 우리 주변 세계(말하자면 지상계)에 존재하는 각양각색의 물체나 물질을 이루고 있다.

반면 우주 공간(말하자면 천상계)에는 물질이 거의 존재하지 않고 대부분 진공이 차지하고 있다. 별빛은 이렇게 아무것도 존재하지 않는 곳을 통과해서 전달된다. 파동이 전달되려면 매질이 있어야 한다. 그래서 한때는 아리스토텔레스의 생각을 빌려서 우주 공간이 에테르로 가득 차 있다고 생각했었다.

나중에 설명하겠지만, 오늘날 빛은 전자기파라는 파동의 일종이며 진공에서도 전달되는 특별한 파동이라는 사실이 밝혀졌다.

5 원자론과 에너지론

원자의 크기는 나노미터(nm = 10억분의 1m) 단위여서 맨눈으로는 보이지 않는다. 현재는 최첨단 장치를 사용해서 원자의 모습을 촬영할 수 있게 되었지만, 눈에 보이지 않는 것의 존재를 믿기란 어려운 일이다. 원자나 분자의 존재를 증명하기 어렵던 19세기 말에도 원자론자와 에너지론자, 두 파로 나뉘어 논쟁을 벌였다.

원자론을 믿는 과학자들은 물질을 구성하는 최소 단위인 원자가 존재하며, 원자나 원자끼리의 결합에 따라 물체의 상태가 결정된다고 주장했다. 고대 그리스의 원자론을 이어받은 것으로, 대표적인 지지자는 오스트리아 물리학자인 루트비히 볼츠만이다.

이에 반해 실험이나 관측을 통해 물질과 현상을 실제로 증명하는 실증주의에 무게를 둔 과학자들은 눈으로 확인할 수 없는 원자의 존재를 인정하지 않았다. 이들은 물질을 무한히 쪼갤 수 있으며 물질의 운동은 에너지가 지배한다는 에너지론을 주장했다. 아인슈타인의 일반상대성이론에 영향을 준 '마흐의 원리'를 제창한 에른스트 마흐도 에너지론을 지지했다.

그러나 이후에 물질을 물리화학적으로 깊이 이해하게 되면서 점차 원자나 분자의 존재를 믿게 되었다. 예를 들어 영국의 식물학자인 로버트 브라운은 물 위에 떠 있는 꽃가루가 불규칙적으로 움직이는 브라운 운동을 발견했는데, 왜 그렇게 움직이는지 이유를 알 수 없었다. 나중에 아인슈타인이 물 분자가 끊임없이 움직이면서 꽃가루와 충돌하기 때문이라고 이론적으로 설명했다.

이렇게 원자론이 승리하면서 1909년경 원자론과 에너지론의 논쟁은 막을 내렸다.

6 전자의 발견

양성자, 중성자, 전자 등 원자를 이루는 작은 입자는 어떻게 발견되었을까? 이 중에서 가장 먼저 발견된 입자는 J.J. 톰슨이 1897년에 발견한 전자다.

오늘날에는 액정 텔레비전이 주류지만 예전에는 주로 브라운관 텔레비전이었다. 브라운관은 공기를 뺀 유리 진공관 안에 전극을 넣어 전자를 방출시키고, 이 방출된 전자가 정면에 있는 형광면에 부딪히며 빛을 내도록 만든 장치이다.

이처럼 공기를 뺀 진공관 안에 플러스와 마이너스의 전극을 넣은 장치를 '(진공) 방전관'이라고 한다. 방전관이 만들어진 때는 19세기 중엽이었는데 이때는 이미 전극에 전압을 가하면 마이너스극(음극)이 빛난다는 사실을 알고 있었다. 이 현상을 보고 무언가가 음극에서 나와 진공관 안을 지나 플러스극을 향해 날아간다고 생각해서 음극선cathode ray이라는 이름이 붙여졌다.

음극선의 정체는 그 후로 50여 년간 밝혀지지 못하다가 19세기 말에 음극선이 플러스극 방향으로 휘어지는 모습을 보고 음극선이 마이너스 전하를 띤다는 사실을 알게 되었다.

마지막으로 톰슨은 방전관 안에 진공도를 높여서 음극선에 전기장이나 자기장을 거는 실험을 하였다. 그 결과 음극선은 수소 원자에 비해 1,000분의 1 이하의 질량을 가지며 마이너스 전하를 띤 아주 작은 입자라는 사실이 밝혀졌다.

이 작은 입자를, 당시 전기 단위로 사용하던 전자electron라고 부르게 되었다.

7. 방사능과 감마선의 발견

전자가 발견되고 나서 알파α선, 베타β선, 감마γ선이 차례로 발견되었다. 전자 발견을 전후로 우라늄이나 라듐 같은 물질에는 방사선 radiation을 방출하는 방사능 radioactivity이 있다는 사실이 알려졌다.

그 무렵 뉴질랜드의 어니스트 러더퍼드가 케임브리지 대학의 캐번디시 연구소에서 음극선 실험을 하던 톰슨을 만나러 찾아왔다.

러더퍼드는 방사선이 종이 등의 물질에 흡수되는 성질을 연구했는데, 1899년 방사선에는 2종류 이상이 있으며 각각 다른 성질을 지녔다는 사실을 발견했다.

그중 한 종류는 파괴력이 커서 물질을 파괴하고 급속도로 에너지를 잃어버리는 성질을 가졌다. 물질에 흡수되기 쉽지만 얇은 종이에도 가로막혔다. 다른 하나는 파괴력이 크지 않아서 물질에 흡수되기 어렵지만 반대로 투과력이 높은 성질을 보였다. 러더퍼드는 전자를 알파선, 후자를 베타선이라고 이름 지었다.

1900년에는 이들보다 투과력이 훨씬 높은 방사선이 발견되어 감마선이라고 이름 붙였다.

그 후 방사선의 질량이나 전하 등을 측정하는 실험이 시작되었고, 몇 년 뒤 알파선의 정체가 헬륨의 원자핵이라는 사실을 알게 되었다. 또 베타선은 음극선과 성질이 같았는데 실제로 음극선과 같은 속도로 운동하는 전자라는 사실이 밝혀졌다. 감마선은 전기장이나 자기장의 영향을 받지 않아서 빛의 일종이라고 예측했는데 실제로 1914년에 X선보다 파장이 짧은 빛이라는 사실이 밝혀졌다.

8 원자를 원자로 쏘다

20세기 초 전자의 발견과 여러 가지 실험을 통해서 원자나 분자가 실제로 존재한다는 사실이 증명되었다. 문제는 그다음이었다. 원자의 구조, 즉 마이너스 전하를 띤 전자와 플러스 전하를 띤 무언가가(나중에 양성자로 밝혀졌다) 원자 안에서 어떻게 배치하고 있을까?

톰슨이 발표한 '건포도 푸딩 모델'은 플러스로 대전된 큰 원자(푸딩) 안에 마이너스 전하인 전자(건포도)가 박혀 있는 모형이었다. 나가오카 한타로가 발표한 '토성 모델'은 플러스로 대전된 작은 핵 주위를 마이너스 전자가 돌고 있는 모형이었다.

원자 모형에 종지부를 찍은 것이 바로 유명한 러더퍼드 실험이다.

러더퍼드는 라듐에서 방사된 알파선(헬륨 원자핵)을 좁은 틈(슬릿)으로 통과시켜 빔을 만든 다음, 빔이 얇게 잡아 늘인 금박을 향하게 했다. 그러자 대부분의 알파 입자는 금박 때문에 조금씩 궤도가 휘어져 형광판에 닿았다. 당연한 결과였다. 왜냐하면 알파 입자는 에너지가 커서 금박 안의 원자와 충돌해도 조금밖에 영향을 받지 않기 때문이다.

그런데 아주 드물게 날아오는 방향과 정반대 방향으로 튕기는 알파 입자가 발견되었다. 플러스 전하를 띤 알파 입자를 반대로 튕겨 나가게 하려면 금박 안의 원자에도 플러스 전하가 집중적으로 뭉쳐 있어야 한다.

이 러더퍼드의 실험으로 원자 내부에 플러스 전하를 띤 작은 원자핵 nucleus이 있다는 가설이 증명되었다.

9 양성자와 중성자의 발견

원자가 마이너스 전하를 띤 전자와 플러스 전하를 띤 원자핵으로 되어 있다는 사실을 알았지만, 여전히 의문은 남았다. 원자핵 자체가 수수께끼였다. 예를 들어 수소에는 같은 수소라도 질량이 다른 동위원소가 있다. 하지만 전자와 플러스 전하를 띤 입자만으로는 동위원소를 설명할 수 없었다.

그러던 중에 다시 러더퍼드가 양성자를 발견했다. 질소에 알파 입자를 쏘았더니 수소 원자핵이 나온 것이다. 일반적인 수소 원자핵은 플러스 1 전하를 띠고 있어서 기본적인 구성 요소라고 생각하게 되었다. 러더퍼드는 이 입자에 그리스 어로 '최초'라는 뜻의 'protos'와 '입자'를 뜻하는 'on'을 붙여서 양성자proton라는 이름을 붙였다.

러더퍼드는 동위원소를 설명하려면 양성자와 같은 질량이지만 전기를 띠지 않는 중성의 입자가 필요하다고 추측했다.

몇 개의 연구 그룹에서 중성입자를 찾는 데 몰두했다. 드디어 1932년에, 러더퍼드의 제자였던 제임스 채드윅이 투과력이 좋은 방사선 안에 질량이 양성자와 거의 같으면서 전기적으로 중성인 입자가 있다는 사실을 밝혀냈다. 그리고 중성의 입자라는 의미로 중성자neutron라고 이름을 붙였다.

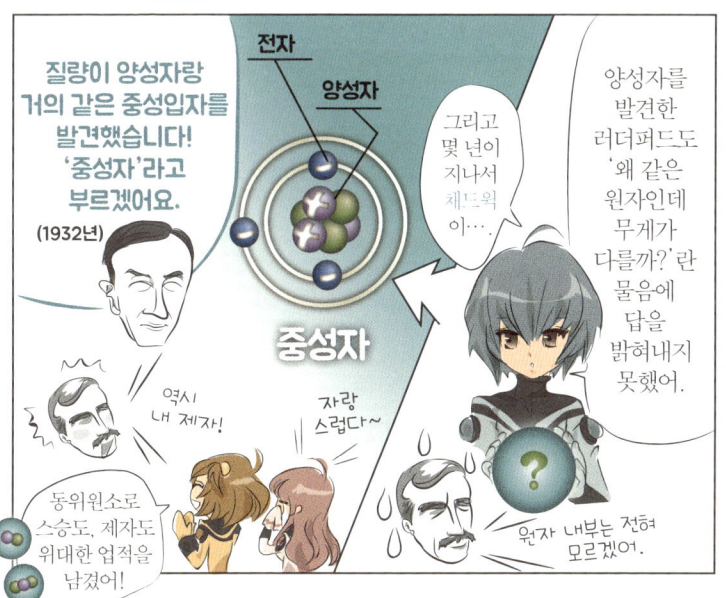

10 입자로 이루어진 원자와 원자핵 : 고전물리학

지금까지의 이야기를 정리하면 물질의 최소 단위인 원자는, 이보다 더 작은 입자인 양성자, 중성자, 전자로 이루어져 있다. 일반적으로 원자는 몇 개의 양성자와 중성자가 모인 원자핵과 원자핵 주변의 전자로 구성된다.

이렇게 원자를 구성하는 입자는 각각 고유의 질량mass과 전하 electric charge를 갖고 있다. 원자핵을 구성하는 양성자와 중성자는 양성자가 플러스 전하를 띤다는 점을 제외하면 질량이 거의 같아 엇비슷하다. 두 입자는 원자핵을 이루고 있어서 핵자nucleon라고도 한다. 반면 전자는 마이너스 전하를 띠며, 양성자나 중성자의 질량의 1,800분의 1밖에 되지 않는다. 또 오늘날에는 이외에도 원자를 이루는 더 작은 입자를 통틀어 아원자 입자subatomic particle라고 부른다. 원자 내부는 플러스 전하를 띤 양성자와 마이너스 전하를 띤 전자의 개수가 같아서 전체적으로는 중성이다. 때에 따라 전자의 개수가 조금 적어서 플러스 이온(양이온)이 되거나, 전자의 개수가 조금 많아서 마이너스 이온(음이온)이 되기도 한다.

원자의 화학적 성질을 결정하는 요소는 원자핵 안의 양성자 개수로 이를 원자번호atomic number라고 한다. 또 원자핵에 포함된 양성자와 중성자를 합한 수를 질량수mass number라고 부른다.

원자핵의 크기는 원자 크기의 약 10만분의 1 정도여서 원자 내부는 거의 비어 있다. 원자나 원자핵과 같은 미시 세계에서는 일상에서 쓰이는 법칙이 통용되지 않는다. 이러한 미시 세계를 설명하는 법칙이 바로 양자론과 양자역학 그리고 입자물리학이다.

11 빛과 스펙트럼

원자, 분자와 함께 미시 세계에서 중요한 역할을 하는 빛에 대해 간단히 살펴보자.

햇빛을 프리즘에 통과시키면 '빨·주·노·초·파·남·보'의 7가지 색으로 나뉜다. 이것을 빛의 스펙트럼spectrum이라고 한다. 빛의 색이 다양한 이유는 파장이 다르기 때문이다. 700nm 정도의 비교적 긴 파장은 빨간색, 600nm 정도의 파장은 노란색, 500nm 정도의 파장은 녹색 그리고 400nm 이하부터 파란색, 남색, 보라색으로 보인다.

이와 같은 빛의 성질을 자세히 연구한 사람이 아이작 뉴턴이다. 뉴턴이 살던 시대에는 프리즘에 빛을 비추면 7가지 색으로 나뉜다는 사실을 이미 알려져 있었다.

뉴턴은 2개의 프리즘을 준비했다. 그러고는 먼저 첫 프리즘에 백색광을 통과시켜 7가지 색으로 나누었다. 이제부터가 뉴턴을 천재라고 부르는 이유이다. 뉴턴은 7가지 색으로 분리된 빛을 거꾸로 놓은 다른 하나의 프리즘에 통과시켰다. 그 결과 7가지의 색이 다시 백색광으로 합쳐졌다. 뉴턴의 실험은 햇빛 같은 백색광이 여러 가지 색깔의 빛으로 이루어졌다는 사실을 처음으로 증명하였다.

빛은 일종의 파동으로 물질이 없는 진공에서도 전달된다.

또 빛의 속도인 광속은 진공 중에서 누가 관측하더라도 초속 약 30만km로 일정하다.

12 빛의 직진·반사·굴절

빛의 3법칙인 직진·반사·굴절은 이미 고대 알렉산드리아에서부터 알던 빛의 기본 성질이다. 가장 먼저 직진의 법칙은 '빛은 균일한 매질에서 똑바로 나아간다'는 의미다. 빛이 직진하는 성질은 눈에 보이는 가시광선뿐만 아니라 적외선이나 전파 등 눈에 보이지 않는 빛(전자기파)에도 모두 성립한다. 그래서 방해물이 있으면 휴대전화 연결 상태나 텔레비전 화면 상태가 나빠진다.

빛은 광원을 중심으로 구 형태로 퍼진다. 광원을 중심으로 임의의 반지름을 가진 구면을 통과하는 광선의 수는 언제나 일정하지만, 구의 표면적은 반지름의 제곱에 비례해 커지므로 구면에서의 광선의 밀도는 반지름 제곱에 반비례하며 작아진다. 그러므로 광원에서 멀어질수록 거리의 제곱에 반비례하여 어두워진다.

빛이 종이나 금속 표면처럼 매끈한 표면에 입사하면 일부는 반사된다. 입사면에 수직인 선과 입사한 빛 사이의 각도를 입사각, 수직선과 반사되는 빛 사이의 각도를 반사각이라고 할 때 '입사각과 반사각은 같다'는 것이 반사의 법칙이다.

또한, 공기와 물처럼 다른 물질의 경계면에 입사한 빛은 하나의 매질(예를 들어 공기)에서 다른 매질(예를 들어 물)로 들어갈 때 경로가 휘어지는데 이것을 '굴절'이라고 한다. 굴절에서 매질의 경계면에 수직인 선과 입사한 빛 사이의 각도를 입사각, 수직선과 굴절된 빛 사이의 각도를 굴절각이라고 할 때 밀도가 작은 매질에서 밀도가 큰 매질로 입사할 때는 입사각보다 굴절각이 작아진다. 이것을 굴절의 법칙이라고 한다.

13 빛의 분산·회절·간섭

햇빛을 프리즘에 통과시키면 7가지 무지개 색으로 분해된다. CD나 DVD에 빛을 비춰도 역시 무지개색이 보이고 물방울 표면이나 도로 위 물웅덩이에 뜬 기름막도 7가지 색을 띤다. 모두 빛이 파동이라서 생기는 현상으로 빛에는 분산·회절·간섭이라는 기본적인 성질이 있다.

공기와 프리즘처럼 굴절률이 서로 다른 매질에 빛이 입사하면, 빛은 파장에 따라 굴절률이 조금씩 다르기 때문에 백색광이 여러 가지 색으로 나뉜다. 이 현상을 빛의 분산이라고 한다. 프리즘을 통과하며 빛이 분해되는 현상, 무지개가 7가지 색으로 보이는 이유, 하늘이 파란색으로 보이는 이유는 모두 빛의 분산 때문이다.

빛의 파장과 비슷한 길이로 파인 미세한 틈의 가장자리에서는 빛이 살짝 휘어져 돌아들어 가기도 하는데 이러한 현상을 빛의 회절이라고 한다. 회절되는 정도는 파장에 따라 다르다. CD나 DVD의 표면에는 디지털 신호를 기록하기 위해서 '피트'라는 작은 틈이 아주 많이 파여 있는데, 이 피트의 가장자리에서 빛의 회절이 일어난다. 빛이 휘는 정도는 파장에 따라 달라지므로 결과적으로 다양한 색으로 보인다. 2개의 파동이 만나 진폭이 더 커지거나 작아지는 현상을 파동의 간섭이라고 하는데, 빛에서도 간섭이 일어난다. 물방울의 두께나 물웅덩이에 뜬 기름의 두께는 빛의 파장 정도로, 얇은 막의 표면에서 반사된 빛과 아랫면에서 반사된 빛이 간섭을 일으킨다. 파장(색)이 미묘하게 차이가 나면, 어떤 파장의 빛은 세지고 다른 파장의 빛은 약해지기도 하면서 색칠한 듯 보인다. 빛이 간섭한다는 말은 빛이 파동이라는 명백한 증거이다.

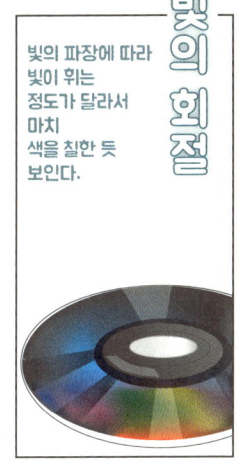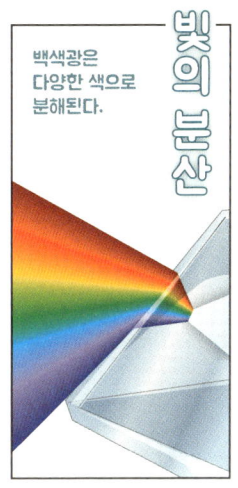

14 전기와 자기 그리고 전자기파

뉴턴 이후에도 빛의 정체를 밝히려는 노력은 오랫동안 계속되었지만 좀처럼 해결의 실마리가 보이지 않았다.

한편, 액세서리로도 쓰이는 호박琥珀에서 정전기가 잘 발생한다는 점, 나침반 자침이 일정한 방향을 가리키는 것 등 오래전부터 알고 있던 전기나 자기의 성질이 18~19세기에 자세히 연구되었다. 그러면서 도선에 전류를 흘려주면 주변에 자기장이 생긴다거나 도선으로 만든 코일 안쪽으로 막대자석을 움직이면 전기가 발생한다는 사실을 알게 되었다. 이러한 실험들을 토대로 전기와 자기가 서로 밀접하게 관계있다는 사실을 깨달았다. 그러나 여전히 전기와 자기와 빛은 완전히 별개의 것으로 여겨졌다.

전기로 인해 자기가 생기고, 자기로 인해 전기가 생기는 사실을 알게 되면서 제각각이었던 전기의 법칙이나 자기의 법칙이 차례차례 정리되었다. 그리고 드디어 1864년, 영국의 물리학자 제임스 클러크 맥스웰이 전기와 자기를 전자기학으로 집대성하였다.

맥스웰이 유도한 맥스웰 방정식으로부터 이제까지 없던 새로운 형태의 파동이 유도되었다. 그 파동은 물이나 공기 같은 매질이 없는 진공에서도 진행 방향과 직각으로 진동하면서 전달되는 특징이 있었다. 즉, 전기장의 변화로 자기장이 생기고, 자기장의 변화로 전기장이 생기면서 전기장과 자기장이 서로 번갈아 유도되며 공간(진공)을 진행하였다. 여기에 전기장과 자기장으로 생긴 파동이라는 뜻에서 전자기파electromagnetic wave라는 이름이 붙었다.

15 파동인 빛과 전자기파 : 고전물리학

놀랍게도 맥스웰이 유도한 전자기파가 전달되는 속도는 당시에 알려졌던 빛의 속도와 일치했다. 이로써 맥스웰은 전자기파가 바로 빛의 정체라고 결론지었다.

당시에 빛은 진공인 우주 공간을 통과하는 파동의 한 종류일 것으로 예측했지만, 파동이라면 반드시 매질이 필요하다고 믿었기 때문에 이 문제는 오랫동안 풀리지 않은 채 남아 있었다. 그러나 맥스웰 방정식으로부터 매질이 없이도 전달되는 파동인 전자기파가 유도되면서 단번에 문제가 해결되었다. 빛(전자기파)은 파장wavelength과 진동수frequency를 가지는데 진공에서는 파장과 진동수가 항상 광속으로 일정하다.

1888년에는 독일의 물리학자인 하인리히 루돌프 헤르츠가 직접 전자기파의 존재를 실험으로 확인했다.

헤르츠는 전기회로 중간에 작은 틈gap(갭)을 만들어서 회로에 강한 전류를 흘려주어 틈 사이에 불꽃 방전을 일으켰다. 그리고 조금 떨어진 방에도 작은 틈이 있는 링을 설치했다. 전기회로 틈에서 불꽃 방전이 일어난 순간, 옆방에 있던 링 틈에서도 불꽃 방전이 일어났다. 그 순간 링에도 전류가 흐른 것이다. 전기회로에 불꽃 방전이 일면서 전자기파가 발생했고, 그 전자기파가 옆방에 있던 링까지 그대로 전달됐기 때문이라고 생각했다.

그 후 채 10년도 지나지 않은 1897년에, 이탈리아의 마르코니가 무선 전신에 성공하였다.

제2장

이상한 미시 세계!
무너진 고전물리학

고전물리학을 기반으로 한 원자 모델로는 설명할 수 없는 현상이 연이어 나타났다. 이론에 모순점이 발견된 것이다. 고전물리학의 관점에서 원자는 안정하게 존재할 수 없으며, 복사열의 성질도 설명할 수 없었다. 19세기에서 20세기로 넘어갈 무렵, 미시 세계를 설명하는 과정에서 고전물리학의 한계가 여기저기 불거지기 시작했다.

1. 왜 원자는 쪼개지지 않을까?

러더퍼드의 산란 실험으로 원자의 구조가 밝혀졌다. 원자 중심에는 원자 전체 크기의 10만분의 1 정도 되는 원자핵이 있고, 원자핵은 플러스 전하를 띠며 원자 질량의 대부분을 차지했다. 그리고 그 원자핵 주변을 마이너스 전하를 띠는 아주 가벼운 전자가 돌고 있다.

원자핵과 전자는 전하의 부호가 반대라서 서로 잡아당기는 쿨롱 힘Coulomb force이 작용한다. 그렇다면 전자가 원자핵 주변을 돌면서 생긴 원심력이 쿨롱 힘과 균형을 이루는 것일까? 태양계에 비유하면 태양과 행성은 만유인력으로 인해 서로 끌어당기지만, 행성의 공전으로 생기는 원심력과 균형을 이루는 이치와 비슷했다.

하지만 이처럼 고전물리학으로 해석한 원자 모델에는 아주 커다란 문제점이 있다는 사실이 곧 밝혀졌다. 만유인력의 경우에는 안정된 궤도 운동이 가능하지만, 플러스와 마이너스 전하 사이에 생긴 전기력의 경우에는 그렇지 않기 때문이다.

고전전자기학은 하전입자가 가속도 운동을 하면 전자기파를 방출한다고 설명한다. 헤르츠의 실험과 마찬가지로 전자기파를 송신할 때에는 안테나에 흐르는 전류를 변화시켜서(전자를 가속도 운동 시켜서) 전자기파를 발생시킨다.

가속도 운동을 하는 하전입자는 전자기파를 방출하면서 운동에너지를 잃는다. 회전 운동도 가속도 운동의 일종이므로 원자핵 주위를 도는 전자는 계속해서 전자기파를 방출하면서 회전 운동에너지를 잃고 눈 깜짝할 사이에 원자핵과 결합해야 한다. 이처럼 고전물리학으로는 원자가 결코 안정적으로 존재할 수 없는 것이다.

2. 빛은 입자인가, 파동인가 ❶

고전물리학으로는 빛의 성질도 제대로 설명할 수 없었다.

빛은 직진·반사·굴절처럼 입자 같은 성질도 있고, 한편으로는 분산·간섭·굴절처럼 파동 같은 성질도 있다. 그렇다면 빛은 대체 입자일까, 파동일까?

근대 과학이 확립되기 시작한 17세기 말~18세기 초, 빛의 정체를 둘러싸고 입자설과 파동설이 대립했다.

파동설을 주장하는 과학자로는 네덜란드의 명문가 자제로 영재 교육을 받고 자란 크리스티안 하위헌스가 대표적이었다. 만일 빛이 아주 작은 입자라면, 2개의 광선을 교차시켰을 때 입자끼리 충돌해야 하지만 광선은 그냥 지나쳐 버렸다. 이를 보고 하위헌스는 입자설이 틀렸다고 주장했다. 그러고는 빛의 직진이나 반사를 설명하는 방법으로 '2차 구면파'라는 개념을 제안했다. 다시 말해서 빛의 파동이 전달될 때 파면을 이루는 각 점이 파원이 되어 새로운 파(2차 구면파)가 만들어지면서 다음 파면을 형성한다고 생각했다. 이렇게 하면 반사의 법칙이나 굴절의 법칙을 잘 설명할 수 있었다. 이를 하위헌스 원리라고 한다.

반면 하위헌스보다 조금 앞서서 프랑스의 철학자이자 수학자인 르네 데카르트는 입자설로 굴절의 법칙을 설명했다. 한창 논란이 벌어지는 가운데 뉴턴은 1704년, 자신이 집필한 저서 『광학』을 통해 입자설을 지지했다. 당시 과학계의 거물이던 뉴턴이 입자설에 손을 들어 주면서 빛의 정체를 둘러싼 1라운드는 입자설이 승리하는 듯했다.

3 빛은 입자인가, 파동인가 ❷

뉴턴의 『광학』이 출간된 지 약 100년이 지나서 입자설과 파동설을 둘러싼 논쟁의 2라운드가 시작되었다.

1800년경 의사 출신인 영국의 토머스 영이 슬릿을 이용해 유명한 실험을 하였다. 영은 좁은 간격으로 뚫은 2개의 슬릿에 빛을 통과시키면 스크린에 빛의 줄무늬가 만들어지는 것을 발견했다.

스크린에 밝은 선과 어두운 선이 교대로 나타나는 간섭무늬는 입자설로는 도저히 설명되지 않는 현상이었다. 마치 수면파가 간섭하는 현상처럼 2개의 슬릿을 지난 빛이 간섭을 일으켰다고 해야만 설명할 수 있었다.

빛의 간섭뿐만 아니라 회절이나 굴절 같은 현상도 빛을 파동이라고 여겨야 자연스럽게 설명되었다.

게다가 이론적으로도 전자기학을 완성한 맥스웰에 의해 빛의 정체가 진공에서 전달되는 전자기파라는 사실이 증명되었다. 또 실제로 헤르츠의 실험을 통해서도 전자기파의 존재가 검증되었다.

전자기파(빛)라는 예측과 실험적인 뒷받침으로 고전전자기학은 커다란 성과를 거두며 빛은 파동이라는 설명이 확립되는 듯 보였다.

그러나 여전히 광전효과나 열복사의 성질 등은 고전물리학의 파동설로는 설명할 수 없었다.

4 희한한 광전효과

자외선이나 X선처럼 파장이 짧은 빛을 금속에 쬐어 주면 금속 표면에서 전자가 튀어나오는데 이 현상을 광전효과photoelectric effect라고 한다. 금속 내부에는 수많은 전자가 있는데 이 전자들이 빛에 의해 튕겨 나오는 것이다. 1887년 헤르츠가 발견한 이후 독일의 물리학자인 필립 레나르트가 광전효과의 성질을 자세히 연구했다.

광전효과가 일어나려면 우선 파장이 짧은(에너지가 큰) 자외선이나 X선이 필요하다. 파장이 긴(에너지가 작은) 적외선 등으로는 아무리 오랫동안 강한 빛을 쬐어도 광전효과는 일어나지 않았다. 고전물리학의 관점으로는 아무리 파장이 길고 에너지가 작은 빛이어도, 오랫동안 빛을 쪼이면 파동 에너지가 쌓여서 전자가 튀어나와야 했다. 하지만 실제로는 그렇지 않았다.

또 파장이 짧아서 에너지가 큰 빛일수록 튀어나오는 전자의 에너지도 컸다. 빛의 세기(빛의 양)가 약해도 그 빛의 파장이 짧다면 튀어나오는 전자의 에너지는 컸다. 이것 역시 고전물리학의 관점으로는 불가사의한 현상이었다. 빛이 파장이라면 빛의 양이 많아질수록 에너지도 커져야 하기 때문이다. 반대로 빛의 양이 적어질수록 에너지도 작아져야 했다.

그런데 빛의 세기가 강해질수록 튀어나오는 전자의 개수가 많아질 뿐이었다. 고전물리학에서는 더 센 빛이 더 많은 에너지를 갖는다는 생각을 당연시했다. 그러나 실제로는 빛이 세어질수록 마치 그 에너지가 더 많은 전자에게 나누어지는 듯했다.

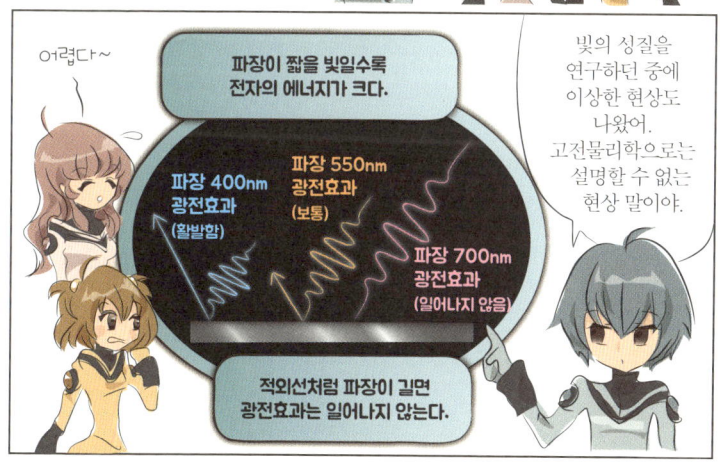

5 희한한 열복사

철과 같은 물질을 가열하면 처음에는 검붉은 색으로 변하지만 점차 붉은색, 노란색으로 변하다가 마지막에는 흰색으로 빛난다. 이처럼 가열된 물체가 내뿜는 빛을 열복사thermal radiation라고 한다. 모든 파장의 빛을 완전히 흡수할 수 있는 이상적인 성질을 가진 흑체black body의 경우에는 열복사 스펙트럼이 오직 물체 온도에만 영향을 받는데 이를 흑체복사 스펙트럼black body radiation이라고 부른다.

예를 들어 절대온도 약 310K 정도 되는 인간은 적외선을, 표면온도가 6,000K 정도 되는 태양은 가시광선을 방출한다. 용광로의 철이나 별의 열복사는 흑체복사에 가깝다.

물질은 많은 원자나 분자로 이루어져 있다. 원자론에서는 물질을 가열해서 온도가 올라갔다는 의미를, 물질을 구성하는 원자나 분자가 무작위로random 움직여서 열운동이 격렬해졌다고 설명한다. 그리고 열복사는 열운동으로 진동하는 원자나 분자가 전자기파를 방출하는 현상이라고 설명한다.

빛을 파장으로 보는 고전전자기학의 관점에서 열운동으로 진동하는 원자나 분자가 방출하는 전자기파의 성질을 조사해 보면, 실제로 파장이 긴 영역에서는 흑체복사 스펙트럼과 아주 잘 들어맞는다('레일리-진스 법칙'이라고 한다).

그러나 고전물리학으로 유도된 레일리-진스 법칙은 파장이 짧은 영역에서는 흑체복사 스펙트럼과 전혀 맞지 않는다.

열복사, 흑체복사 문제에서 고전물리학은 전혀 맥을 쓰지 못했다.

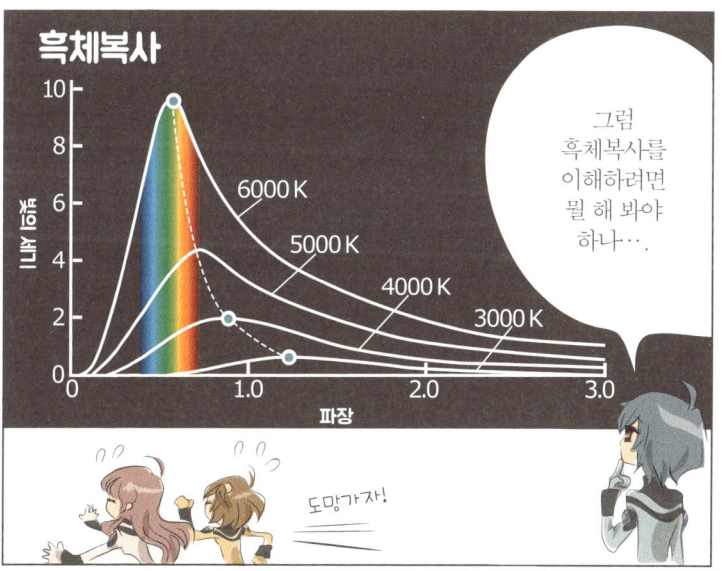

6 플랑크의 양자 가설

레일리-진스 법칙이 흑체복사 스펙트럼의 파장이 긴 영역에서 잘 들어맞았다면 반대로 '빈의 변위 법칙'은 파장이 짧은 영역을 잘 설명한다. 이러한 여러 법칙이 제안된 가운데 독일의 물리학자인 막스 플랑크는 1900년 흑체복사 스펙트럼의 전체 파장 영역을 설명하는 식을 찾아냈다. 오늘날에 플랑크 법칙Planck's law이라고 부르는 식이다. 플랑크 법칙은 직관적으로 발견된 결과여서 이후에 플랑크는 이론적으로 이 법칙을 유도하는 데 심혈을 기울였다.

당시 플랑크도 물질입자의 진동으로 인해 전자기파가 방출된다고 생각했다. 아무리 작은 에너지라도 진동하면 레일리-진스 법칙에 들어맞았다. 그러나 플랑크는 진동에너지에는 최솟값이 존재하며, 최솟값의 정수배에 해당하는 진동만이 일어난다고 생각했다. 그 결과 플랑크의 법칙을 도출하는 데 성공했다. 이러한 방법을 양자화quantization라고 한다.

고전물리학은 에너지가 '물리량은 제로0에서 무한대∞까지 연속적으로 존재한다'고 암묵적으로 정해 놓고 있었다. 이에 반해 양자론은 일반 상식과 달리 '물리량은 비연속적으로 제로0보다 큰 최솟값을 가진다'고 생각한다.

플랑크 자신도 양자화에 대해서 명백한 견해를 갖기보다 실험 결과를 설명하는 수단으로써 에너지의 최소 단위인 양자quantum를 도입한 것이었다. 하지만 플랑크의 양자 가설은 양자론의 커다란 주춧돌이 되었다. 또한, 플랑크는 진동수와 에너지를 연관 짓는 정수를 도입했는데 이것이 바로 플랑크 상수Planck constant다.

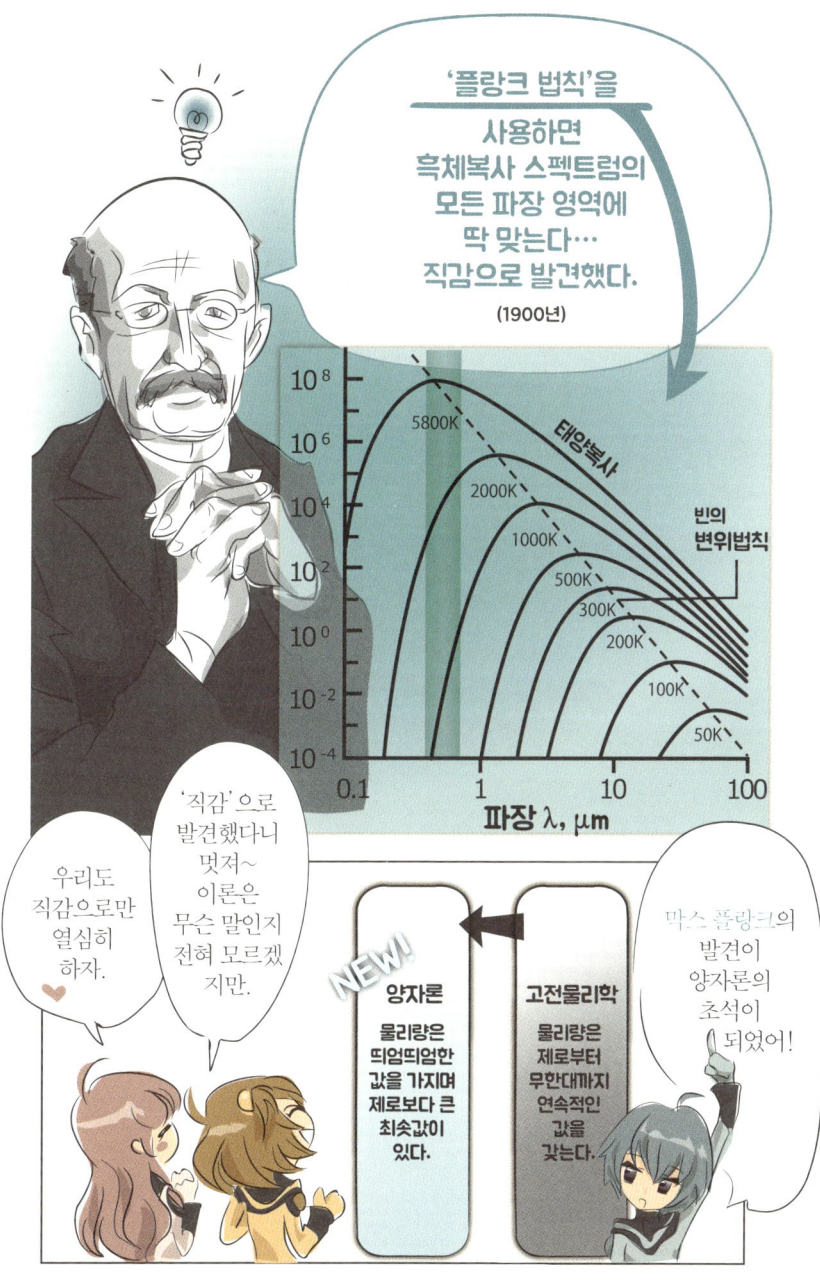

7. 아인슈타인의 광양자 가설

플랑크는 물질입자의 진동이 양자화되어 있다고 가정하고, 에너지가 불연속적인 값을 가지므로 방출되는 빛의 에너지도 불연속적이 된다는 플랑크 법칙을 유도하였다.

한편 아인슈타인은 빛은 파동이 아니라 불연속적인 에너지를 가진 입자인 광양자 light quantum라고 생각했다. 이것이 광양자 가설이다.

참고로 양자 quantum는 아인슈타인이 만든 단어이다. 또 아인슈타인이 말한 광양자는 오늘날에는 광자 photon라고 부른다.

진동수가 뉴ν인 빛은 h가 플랑크 상수라고 할 때 $E=h\nu$인 에너지를 가진 입자처럼 행동한다. 또 빛의 세기는 광자의 개수에 해당한다.

이렇게 생각하면 광전효과도 쉽게 설명된다. 광전효과는 광자가 금속 내부의 전자와 충돌하여 그 전자를 튕겨 냈다고 생각하면 된다. 전자를 밖으로 내보내려면 일정 이상의 에너지가 필요하다. 파장이 길고 진동수가 적어 에너지가 작은 광자는 광전효과를 일으키지 못한다.

또 빛이 세어질수록 광자의 개수도 많아지므로 튀어나오는 전자의 개수도 증가한다. 물론 플랑크의 법칙도 광자를 이용하면 쉽게 이해된다.

아인슈타인은 이 광양자 가설로 1921년 노벨 물리학상을 받았다.

8. 입자처럼 행동하는 빛과 전자기파 : 양자론

빛은 간섭·회절·굴절 같은 파동의 성질을 나타낸다. 또한 이론적으로 맥스웰의 전자기학에 따르면 빛(전자기파)은 진공에서도 전달되는 파동의 일종이다. 그래서 고전물리학에서는 빛의 파동설이 우세했다.

반면에 광전효과는 빛을 파동이라고 보면 이해할 수 없다. 어느 정도 에너지를 가진 입자라고 생각해야 설명이 가능했다. 플랑크의 법칙에서도 빛을 입자로 간주해야 이해하기 쉬웠다. 이처럼 20세기 초에 재개된 입자설과 파동설의 3라운드에서 빛은 입자라고 결론지어졌다.

그렇다면 결론적으로 빛은 입자인가, 파동인가? 지금까지 발견된 많은 증거로부터 내릴 수 있는 유일하게 정확한 관점은 '빛은 파동이기도 하고, 입자이기도 하다'는 것이다. 황당하지만 빛은 '파동'과 '입자'라는 2가지 다른 성질을 동시에 가진 '무엇'이라고 생각할 수밖에 없다.

일반 상식에서 벗어나지만, 이렇게 다른 성질을 함께 갖는 이중성duality이 미시 세계의 특징이다.

9 파동처럼 행동하는 전자와 물질입자 : 양자론

파동이라고 생각했던 빛이 입자처럼 행동할 때가 있다. 그렇다면 반대로 입자라고 생각했던 전자 같은 물질입자가 파동처럼 행동하는 경우는 없을까?

아인슈타인의 광양자 가설이 등장하고 약 20년이 흐른 1923년, 프랑스의 물리학자인 루이 드브로이는 전자도 파동이라는 데까지 생각이 미쳤다.

특정 파장을 가진 광자는 질량이 없지만 물질에 열을 전달하는 에너지와 힘을 더하는 운동량을 갖고 있다. 또 광자의 파장 람다 λ는 플랑크 상수 h를 운동량 p로 나누면 얻을 수 있다.

한편 물질입자인 전자는 질량 m과 속도 v를 갖고 있어서 mv만큼의 운동량을 가진다. 드브로이는 물질입자도 광자와 마찬가지로 플랑크 상수를 운동량으로 나누면 파장이지 않겠냐는 대담한 발상을 했다. 이 물질입자의 파동을 '드브로이 파de Broglie wave'라고 부른다. 이 드브로이 파는 처음에는 가설에 지나지 않았지만 수년 후에는 실제 실험으로 검증되었다.

미국이나 영국의 연구 그룹에서 금속의 결정에 전자를 쏘는 실험을 했다. 전자가 입자라면 러더퍼드의 산란 실험에서처럼 아주 조금 휘어지거나 일부는 전자를 쏜 방향과 반대 방향으로 튕겨 나올 것이다. 그러나 전자는 마치 빛이 회절하듯 회절 패턴을 보였다. 미시 세계에서 전자는 파동처럼 행동한 것이다.

제3장

띄엄띄엄한 미시 세계
양자론의 시작

미시 세계는 우리가 흔히 가진 상식이나 고전물리학적인 개념으로는 전혀 설명할 수 없는 불가사의한 성질이 있다. 대표적으로 미시 세계는 모든 사물이 불연속적으로 띄엄띄엄 존재한다. 이러한 띄엄띄엄한 성질은 실제로 수소 스펙트럼의 선 등 원자 스펙트럼을 보면 명확히 드러난다. 띄엄띄엄한 스펙트럼을 고전물리학적으로 연구하고 설명한 보어 모델을 소개하고 전기前期 양자론의 문제점을 짚어 보도록 하자.

1 불연속적인 세계

세상에 존재하는 사물은 연속적이어서 모든 현상은 끊이지 않고 계속된다는 것이 우리의 상식이다. 물론 물질을 아주 작게 쪼갠다고 할 때 무한히 쪼개는 일은 불가능하다. 그래서 원자나 원자핵처럼 불연속적인 구성 요소가 등장했다. 그런데도 과학자들은 공간이나 시간 그리고 에너지 같은 물리량은 연속적일 것이라고 믿었다.

그러나 양자나 광양자 개념이 제안된 20세기 초반의 수년 동안, 이 확고했던 신념이 완전히 뒤집혔다. 미시 세계에서는 모든 사물이 띄엄띄엄 discrete(불연속적)하게 존재한다는 사실을 알게 되었기 때문이다.

액정 텔레비전의 화면을 확대해 보면 R(빨강), G(초록), B(파랑)의 작은 픽셀로 이루어져 있다. 하지만 우리가 텔레비전을 볼 때는 연속적이고 자연스럽게 바뀌는 컬러 영상으로 보게 된다.

마찬가지로 미시 세계는 에너지나 공간 그리고 시간조차도 띄엄띄엄 존재한다(원자나 원자핵 수준보다 상위 개념으로). 단지 우리가 감각적으로 인식하기에 공간은 매끄럽게 펼쳐져 있고 시간은 끊이지 않고 이어져 보일 뿐이다.

양자론적인 관점에서 일반 상식을 뒤엎는 개념이 이것이다. 미시 세계에서는 모든 사물이 불연속적으로 띄엄띄엄 존재한다는 점 말이다.

2 수소 스펙트럼

미시 세계에서 에너지 등이 불연속적이라는 증거는 사실 19세기 말부터 여러 차례 발견되었다. 그중 대표적인 예는 수소 원자가 방출하는 스펙트럼이다.

수소방전관에서 방출되는 빛을 분광하면 스펙트럼의 가시광선 영역에 몇 가닥의 빛나는 선을 관찰할 수 있다. 말하자면 수소 원자가 내는 특징적인 빛은 연속적이 아니라 특정 파장만이 방출되는 불연속적인 성질을 보인다. 이러한 결과는 분광학이 발달한 19세기 후반에 이미 알려졌지만 양자론 이전에는 그 이유가 불분명했다.

이 특정 파장은 언뜻 보기에 아무런 법칙성이 없는 듯했다. 하지만 스위스의 물리학자인 요한 야코프 발머가 수많은 시행착오 끝에 '정수'로 만들어진 관계식에 비례상수를 곱해서 만든 간단한 수식으로 파장의 나열을 설명하는 데 성공했다. 아직 양자론이 동트기 전인 1885년의 일이었다. 이 수소 스펙트럼을 오늘날에는 '발머 계열'이라고 부른다.

수소의 발머 계열을 H-α선, H-β선, H-γ선 등으로 그리스 문자를 붙여서 나타낸다. 정수 3, 4, 5를 각각 알파, 베타, 감마에 대응시킨 것이다. 빛이 방출되는 현상을 정수에 대응시킬 수 있다는 점은 정말 놀라운 결과였다.

발머의 이런 발견은 수소 이외의 다른 원자에도 성립했고 1908년에는 일반적인 공식으로 정리되었다. 하지만 발머 계열을 논리적으로 설명하는 이론은 양자론이 나온 이후에나 가능했다.

3 에너지 준위

고전물리학에는 없던, 양자라는 개념과 수소 원자를 비롯한 다른 원자 스펙트럼에서 보이는 불연속적인 성질을 연관 지어 설명한 인물이 덴마크의 물리학자이자 양자론의 아버지로 불리는 닐스 보어였다. 1913년 보어는 불과 27세라는 젊은 나이에 이러한 개념을 설명하는 기념비적인 논문을 썼다.

수소 원자를 보면 원자핵(양성자) 주위를 전자가 돌고 있다. 고전물리학은 어떠한 궤도의 반지름이라도 모두 허용됐지만, 보어는 띄엄띄엄한 궤도에서만 전자가 돌 수 있다고 설명했다. 또 이러한 궤도에서만 원자가 안정적으로 존재할 수 있다고 했다. 이 무렵부터 고전물리학에서 쓰던 표현인 '궤도'나 '돈다'라는 개념이 부적절하다고 인식되기 시작했다. 지금은 보통 에너지 준위energy level라고 한다. 하지만 조금 더 궤도라는 용어를 써서 설명해 보겠다.

그렇다면 전자의 궤도(에너지 준위)가 띄엄띄엄 존재한다는 말은, 여러 궤도 사이의 에너지 차이도 띄엄띄엄하다는 의미이다. 만일 전자가 높은 에너지를 가진 궤도에서 낮은 에너지를 가진 궤도로 점프한다면 두 궤도의 에너지 차에 해당하는 빛을 방출할 것이다. 이것이 원자 스펙트럼이 '선'으로 보이는 이유이다.

수소 원자의 경우에 가장 에너지가 낮은 궤도('바닥상태, ground state'라고 한다) 위에 2번째, 3번째로 에너지가 높아지는 궤도('들뜬상태, excited state'라고 한다)가 이어진다. 앞에서 설명했던 발머 계열의 경우에는 3번째 궤도에서 2번째 궤도(H-α선), 4번째 궤도에서 2번째 궤도(H-β선), 5번째 궤도에서 2번째 궤도(H-γ선)로 에너지 준위가 낮아지면서 그 차이만큼 빛이 방출되었다고 설명한다.

4 보어 모델

수소 스펙트럼을 멋지게 설명하면서 양자론의 길을 연 보어 모델을 다시 한 번 정리해 보자.

① 원자 크기를 다루는 미시 세계에서는 띄엄띄엄한 에너지만을 가지는데 이러한 상태를 정상상태stationary state라고 한다.
② 띄엄띄엄 존재하는 정상상태는 특정한 조건을 따라야 하는데, 이 조건을 양자조건quantum condition이라고 한다.
③ 고전역학적으로 정상상태에서 전자는 원자핵 주변을 안정적으로 돈다.
④ 전자는 어떤 정상상태에서 다른 정상상태로 점프할 수 있다. 이것을 전이transition 혹은 일반적으로 양자뜀quantum jump(퀀텀 점프)이라고 한다.
⑤ 전자는 궤도를 전이하면서 빛을 방출하거나 흡수한다. 이때 오가는 빛의 에너지는 정상상태의 에너지 차이에 해당한다.

보어 모델은 더 일반화되고 정밀해지면서 원자의 구조와 스펙트럼의 관계를 설명하는 보어 이론으로 체계화되었다.

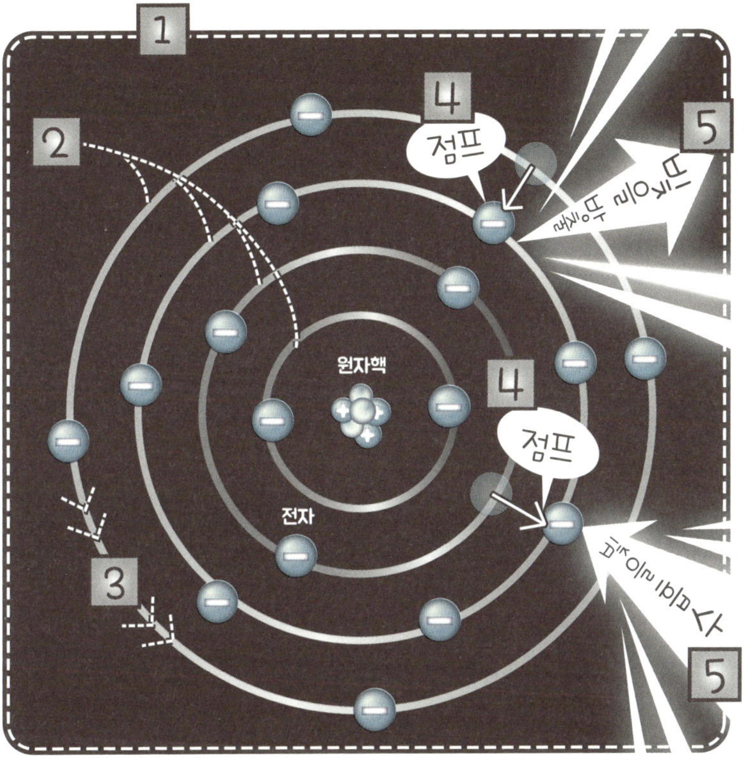

1 정상상태

2 양자조건

3 원자핵 주변을 안정적으로 운동

4 양자뜀

5 빛의 방출과 흡수

5 양자조건의 의미

보어는 수소 원자 스펙트럼을 설명하려고 양자조건이라는 특별한 조건을 내세웠지만 정작 본인도 양자조건의 의미를 설명하지 못했다. 그러다가 1923년 물질입자도 파동처럼 행동한다는 드브로이의 아이디어가 발표되면서 양자조건의 의미도 밝혀지게 되었다.

수소 원자핵 주위를 도는 전자의 궤도를 원으로 가정해 보자. 전자가 입자로써의 성질만을 가진다면 궤도의 반지름 크기는 별로 상관이 없다. 하지만 실제로는 띄엄띄엄한 원 궤도에만 전자가 허용된다. 이것을 정하는 것이 보어의 양자조건이다.

만일 전자가 입자이면서 동시에 파동이라면 전자는 특정 파장을 가질 것이다. 원 궤도를 따라서 전자의 특정 파장이 전달될 때, 궤도 반지름이 무작위적이면 파동의 끝과 끝은 만나지 못한다. 원 궤도의 길이가 전자 파장의 정수배일 경우에만 파형이 원래대로 돌아와서 그대로 유지될 수 있다.

전자가 도는 원 궤도의 길이는 전자의 드브로이 파의 정수배여야 한다는 것이 보어의 양자조건인 것이다.

반드시 파장의 정수배여야 하므로 가장 작은 원 궤도가 분명히 존재하는데, 이 원 궤도가 바닥상태에 대응한다. 그리고 조금씩 더 큰 원 궤도가 차례차례 존재하는데, 이것이 들뜬상태에 해당한다.

드브로이 파의 개념 덕분에 보어 모델은 완성될 수 있었다.

6 보어의 대응 원리

보어는 일상에서 경험하는 연속성과 미시 세계에서의 불연속성의 타협점을 찾기 위해서 대응 원리Bohr's corresponding principle라는 개념을 제시했다.

수소 원자 주위에는 무수히 많은 에너지 준위가 있고 가장 에너지 준위가 낮은 바닥상태부터 차례로 번호가 붙여진다. 이처럼 띄엄띄엄한 상태에 대응되는 번호를 일반적으로 양자수quantum number라고 한다. 갖가지 양자수가 있으므로 수소 원자의 에너지 준위를 특별히 '주양자수'라고 부르기도 한다.

보어의 양자조건에 따르면 양자수 n이 커질수록 에너지 준위의 간격이 점차 줄어들어 연속에 가까워진다.

여기서 보어는 양자수가 충분히 커질수록(에너지나 다른 물리량이 커질수록) 양자론의 불연속성은 점점 사라지고 양자론과 고전물리학의 결과가 같아진다고 생각했다.

또 보어의 양자조건에는 플랑크 상수가 포함되어 있다. 이 플랑크 상수는 아주 작은 크기로 일상에서는 거의 제로0라고 해도 무방했다. 따라서 플랑크 상수를 제로로 간주하는 상황에서 양자론은 고전물리학에 근접한다.

7. 전기 양자론의 문제점

보어 모델을 중심으로 만들어진 원자 구조를 비롯하여 그와 관련된 이론을 현재는 전기 양자론old quantum theory이라고 부른다. 나중에 하이젠베르크나 슈뢰딩거가 본격적인 양자론과 양자역학을 구축하기 전까지의 과도기적 이론으로 생각하면 된다.

보어 이론이 완성된 형태를 띠지 못했던 이유는 전기 양자론이 아직 고전물리학의 범위를 벗어나지 못했기 때문이다.

당시에는 수소 원자 스펙트럼을 설명하는 등 획기적인 성공을 거둔 듯 보였지만, 점차 이론 내부의 모순점이 드러나면서 미시 세계의 본질을 설명하는 이론으로써 충분하지 않고 완전하지도 않다는 것이 드러났다.

예를 들어 수소 원자처럼 전자가 1개인 단순한 원자는 보어 이론이 잘 맞았지만, 헬륨처럼 전자가 2개로만 늘어나도 식을 세우기가 어려워졌다.

고전물리학의 관점으로 빛의 입자성과 파동성은 여전히 모순이 가득한 이중성으로 보였는데 전기 양자론에서도 이 문제를 해결하기에는 한계가 있었다.

1920년대에 접어들면서 전기 양자론으로는 설명할 수 없는 콤프턴 효과나 전자 스핀 같은 현상이 발견되기 시작했다.

미시 세계를 제대로 기술하기 위해서는 근본적으로 새로운 이론이 절실하게 필요했다.

제4장

미시 세계의 두 얼굴
파동과 입자의 이중성

미시 세계의 불가사의한 성질로 이중성을 들 수 있다. 예를 들어 빛은 전자기파로 파동의 성질을 보이는 동시에 광자로서 입자처럼 행동하기도 한다. 이것은 빛이 경우에 따라 전자기파 혹은 광자가 되는 것이 아니라, 전자기파이면서 동시에 광자이기 때문이다. 반대로 전자 같은 물질입자도 동시에 파동의 성질을 보인다. 이처럼 파동과 입자의 이중성은 미시 세계의 실체를 보여 주는 본질이다.

1 단일 슬릿을 이용한 회절 실험

잠시 시간을 거슬러 올라가, 1800년경 영국의 의사인 토머스 영이 실시했던 이중 슬릿 실험을 떠올려 보자. 빛이 간섭한다는 사실을 입증하는 이 역사적인 실험의 영향으로 고전물리학은 빛을 파동이라고 단정 지었다.

먼저 단일 슬릿 실험을 살펴보자. 하나의 가느다란 슬릿(틈)을 향해(단일 슬릿) 광원(현재에는 레이저 광원을 쓴다)에서 빛을 쏘면 단일 슬릿 뒤쪽에 있는 스크린에 어떤 상이 나타날까?

직관적으로는 슬릿의 너비만 한 빛의 띠가 나타날 것 같다. 실제로 슬릿의 폭이 넓어질수록 스크린에 맺히는 상은(빛의 띠) 거의 슬릿 너비만 하다.

하지만 슬릿의 폭이 좁아지면 맺히는 상의 모습이 전혀 달라진다. 슬릿 중앙에서 바로 뒤쪽으로 가장 밝은 띠 모양이 나타나는데 확실한 띠 형태가 아니라 가장자리로 갈수록 점차 밝기가 줄어든다.

방파제를 향해 파도가 밀려올 때 파도는 방파제 틈을 통과한 다음 방파제의 뒷부분까지 휘어들어 간다. 방파제 뒷부분까지 파도가 휘어져 들어가는 현상을 회절diffraction이라고 부른다.

가느다란 단일 슬릿 실험에서 슬릿보다 더 긴 빛의 상이 맺히는 이유도 회절 때문이다. 빛을 파동이라고 생각하면 쉽게 설명할 수 있는 현상(입자로도 설명할 수 있다)이다.

2 이중 슬릿을 이용한 간섭 실험 : 고전물리학

그렇다면 이번에는 가느다란 슬릿을 2개 만들고 광원에서 빛을 쏘아 보자. 스크린에 어떠한 모양의 상이 맺힐까? 만일 빛이 입자라면 2개의 슬릿을 통과한 빛은 직진해서 스크린에 부딪혀 '2개의 가느다란 선'으로 밝게 빛날 것이다.

하지만 실제로 실험에서는 스크린에 빛의 줄무늬가 나타났다. 다시 말해서 스크린 상에는 밝은 줄과 어두운 줄이 교대로 생긴 것이다.

방파제에 파도가 밀려올 때 방파제의 틈이 2개라고 상상해 보자. 각각 틈을 통과한 파도는 위치에 따라서 파도가 더 높아지거나 낮아지면서 복잡한 패턴을 그리게 된다. 이처럼 여러 개의 파동이 겹치면서 파형이 변화하는 현상을 파동의 간섭interference이라고 부른다.

이중 슬릿 실험에서 스크린 상에 교대로 나타난 밝고 어두운 줄무늬는 마치 파동이 간섭을 일으킨 것과 같은 패턴으로 간섭무늬 interference fringe라고 한다.

광원을 출발한 빛은 2개의 슬릿을 통과한 다음 서로 간섭하며 스크린 상에 간섭무늬를 만들었다. 고전역학에서는 토머스 영의 이중 슬릿 실험으로 인해 빛이 파동이라는 사실이 명확해졌다고 여겼다.

하지만 양자론은 이와 다르게 해석한다.

3 이중 슬릿을 이용한 간섭 실험 : 양자론

양자론에서 빛은 파동이면서 동시에 입자라고 생각한다. 토머스 영의 실험을 똑같이 재현해 보자. 단 광원을 아주 약하게 해서 한 번에 '광자 1개씩' 방출되도록 조절(현대에는 가능한 기술이다)한다. 이렇게 미미한 광자를 검출하려면 광자 1개를 검출할 수 있는 반도체 광검출기가 필요하다.

이렇게 정밀한 장치를 만들어 광자를 1개씩 관찰해 보자. 광원을 출발한 광자는 광검출기의 어딘가에 점 하나를 찍는다. 완벽하게 입자처럼 행동하는듯 보인다. 그런데 한 번에 광자 1개를 방출하되 상당히 오랫동안 많은 광자를 방출하면 놀랍게도 전체적으로 간섭무늬가 만들어진다. 광자의 수가 증가하자 파동의 성질이 드러나기 시작한 것이다.

여기서 중요한 점은 아니, 정말 불가사의한 점은 광자를 1개씩 방출할 뿐 동시에 방출하지 않았기 때문에 광자끼리 간섭할 수 없다는 점이다. 수면파의 경우라면 파동과 파동이 간섭해서 파고가 높아지거나 낮아진다지만, 이 실험에서 광자가 다른 광자와 간섭할 수 있을 리가 없다. 그런데도 결과적으로 간섭무늬가 생긴다는 것은 광자가 자기 자신과 간섭한다고밖에 설명할 수 없다.

정말 기묘한 이야기지만 그렇게밖에 설명되지 않는다.

4 전자도 자기 자신과 간섭한다

고전물리학에서라면 당연히 입자라고 여겼을 전자 같은 물질입자도, 양자론에서는 파동의 성질을 가진다. 실제로 고체 결정에 전자를 쏘면 회절무늬가 나타난다. 그렇다면 전자도 간섭한다는 의미일까?

기술이 발달하면서 오늘날에는 전자가 간섭하는 것을 보여 주는 실험도 가능해졌다. 영의 이중 슬릿 실험을 다시 떠올려 보자. 구체적으로 광원 대신에 전자를 쏘는 전자총으로, 스크린 대신에 전자를 검출하는 형광 스크린으로 대체해서 실험을 진행해 보자.

그러면 빛의 경우와 똑같은 현상이 일어난다.

① 단일 슬릿의 경우 → 형광 스크린에 회절무늬가 나타난다.
② 이중 슬릿의 경우 → 형광 스크린에 간섭무늬가 나타난다.
③ 이중 슬릿에 전자를 1개씩 쏠 경우 → 오랜 시간에 걸쳐 실험하면 간섭무늬가 나타난다.

광자로 실험했을 때도 마찬가지이지만 마지막 실험에서 보여 주는 성질은 불가사의하기만 하다. 전자 1개(광자라고 생각해도 좋다)가 입자라면 둘 중 어느 하나의 슬릿을 통과했을 것이다. 실제로 이중 슬릿 중 한쪽을 가리면 간섭무늬는 사라지고 회절무늬만 생긴다.

다시 말해서 전자 1개로도 간섭무늬를 만들 수 있다는 의미는 전자 1개가 동시에 양쪽 슬릿을 통과했다고 해석할 수밖에 없다. 전자 1개가 마치 파동처럼 양쪽 슬릿을 통과해서 자기 자신과 간섭을 일으키는 것이다.

5 콤프턴 효과

역사적으로 여러 가지 혼란도 있었지만, 빛(전자기파)의 성질을 설명하는 광전효과(실험)와 광양자 가설(이론), 전자(물질입자)의 성질을 설명하는 전자의 회절(실험)과 드브로이 파 가설(이론)이 모두 모였다. 그 결과 1920년대에는 물질입자와 빛, 모두 입자성과 파동성이라는 이중의 성질을 가진다는 견해가 자리를 잡았다.

같은 시기에 빛의 입자성이 명백하게 드러나는 다른 현상이 발견되었다. 미국 물리학자인 아서 콤프턴이 1923년에 발견한 콤프턴 효과Compton effect다.

플라스마에 빛을 쪼이면 플라스마 내부에 있던 전자 때문에 빛이 산란된다. 고전물리학은 특정 파장의 전자기파가 전자를 진동시키면 진동한 전자에서 다시 같은 파장의 전자기파가 방출된다고 설명한다. 이것을 전자 산란electron scattering 혹은 이 현상을 설명한 톰슨을 기리기 위해서 '톰슨 산란'이라고 부른다.

그런데 입사하는 빛의 에너지가 높아지면 산란되는 빛의 에너지는 낮아진다는(파장이 길어진다는) 사실을 알게 되었다. 파장이 짧은 X선을 쪼이자 산란되어 나오는 X선의 파장이 조금 길어진 것이다. 이것이 콤프턴 효과이다. 혹은 콤프턴 산란Compton scattering이라고도 한다.

콤프턴 효과는 빛(X선 광자)이 일정 정도 이상의 에너지를 가진 입자라고 간주해야 설명된다. X선 광자와 전자가 충돌하면서 X선 광자가 갖고 있던 에너지를 전자에게 주고 자신은 에너지가 줄어들어 파장이 길어지는 현상이다.

6. 스핀과 내부양자수

제1차 세계대전이 끝나고 세계를 폐허로 물들인 전쟁의 소용돌이가 잦아들 무렵, 양자론은 질풍노도의 시기에 접어들었다. 이 시기에는 양자론을 둘러싸고 중요한 발견이 줄을 이었다. 그중 하나가 전자의 스핀spin이다.

19세기 말, 원자에서 나온 빛의 스펙트럼에 자기장을 걸면 스펙트럼선이 몇 가닥으로 나뉘는 현상이 발견되었고 이것은 '제이만 효과Zeeman effect'라고 알려졌다. 전자의 에너지 준위 관점에서 보면 자기장을 걸자 에너지 준위가 나뉜 듯이 보였다.

또 1922년에 실시한 슈테른-게를라흐 실험에서 자기장에 은 원자를 통과시켰더니 경로가 위를 향하는 것과 아래로 향하는 것으로 나뉘었다. 마이너스 전하를 띤 전자는 자기적으로 2가지 방향이 있다는 의미였다.

이 현상을 설명하기 위해서 스위스 물리학자인 볼프강 에른스트 파울리는 1924년 전자는 2가지 종류의 내부 상태가 있다고 추측했다. 나중에 스핀이라고 불리는 물리량이다.

수소 원자에 속한 전자의 에너지 준위는 양자수라고 불리는 양의 정수로 정해진다. 우리가 눈으로 볼 수 있도록 선스펙트럼 형태로 드러난 양자수이다. 한편 전자 스핀도 양자수의 일종이지만 자기장을 걸었을 때만 드러나서 '내부양자수'라고 한다. 양자수와 마찬가지로 내부양자수도 완전히 양자론적인 개념이다. 2종류의 스핀을 두고 위 방향 스핀spin-up, 아래 방향 스핀spin-down이라고 쓰는데 표현이 그러할 뿐 기하학적인 개념은 아니다.

7 파울리의 배타 원리

파울리가 천재로 불리는 이유는 내부양자수인 스핀 개념을 발전시켜 양자 상태의 기본 성질을 유도해 냈기 때문이다. 같은 양자 상태에는 전자 1개만 존재할 수 있다는 파울리의 배타 원리 Pauli's exclusive principle가 그것이다.(1924년)

예를 들어 전자가 아주 많은 철 원자의 경우 에너지가 가장 낮은 바닥상태에서 전자가 2개 존재할 수 있다. 이 상태는 에너지와 관련된 주양자수가 같으므로 겉으로 보기에 전자 2개가 같은 양자 상태에 존재하는 것처럼 보인다. 하지만 내부양자수인 스핀까지 고려하면 전자 2개 중 하나는 위 방향 스핀, 다른 하나는 아래 방향 스핀이어서 서로 다른 양자 상태를 가진다.

스핀양자수를 가진 것은 전자뿐만이 아니다. 양성자도, 중성자도 스핀양자수가 있다. 예를 들어 양성자 1개와 전자 1개로 이루어진 수소 원자의 경우를 보자. 양성자와 전자가 모두 위 방향 스핀인 수소 원자와, 위 방향 스핀의 양성자와 아래 방향 스핀의 전자를 가진 수소 원자는 조금 다르다.

실제로 양성자와 전자의 스핀 방향이 같은 원자가 같지 않은 원자에 비해 아주 조금이지만 에너지가 높다. 그래서 스핀 방향이 같은 원자에서 다른 원자 상태로 전이할 경우 그 에너지 차이에 해당하는, 파장이 21cm인 전자기파가 방출된다.

실험실에서는 좀처럼 일어나지 않는 현상이지만 수소 원자 수가 충분히 많을 때 가끔 일어나기도 한다. 종종 은하계 내부의 성간 공간에 퍼져 있는 수소 원자로부터 파장이 21cm인 전자기파가 검출되는 것이다.

8　페르미온과 보손

똑같은 양자 상태에는 하나의 입자만이 존재할 수 있다고 설정하고 나자, 파울리의 배타 원리를 따르는 입자가 통계적으로 어떻게 행동하는지 더 자세히 알 수 있게 되었다. 이 같은 통계를 '페르미-디랙 통계'라고 부르며, 파울리 배타 원리를 따르는 입자를 페르미 입자 혹은 '페르미온fermion'이라고 한다.

그렇다고 모든 입자가 파울리 배타 원리를 따르지는 않는다. 예를 들어, 여러 번 등장했듯이 광선은 서로 부딪히지 않으므로 광자는 겹쳐질 수 있다. 다시 말해서 광자는 똑같은 양자 상태로 몇 개라도 공존할 수 있다. 이처럼 똑같은 양자 상태에 여러 개의 입자가 얼마든지 공존할 수 있다고 설정해도, 이 입자가 통계적으로 어떻게 행동하는지를 유도해 낼 수 있다. 이것을 '보스-아인슈타인 통계'라고 부르며, 파울리 배타 원리를 따르지 않는 입자를 보스 입자 혹은 '보손boson'이라고 한다.

현재에는 전자, 양성자, 중성자, 쿼크처럼 물질을 이루는 물질입자가 모두 페르미온이라는 사실이 밝혀졌다. 반면 전자기력을 생기게 하는 광자나 중력의 기원이 되는 중력자처럼 힘을 매개하는 입자는 모두 보손이다.

이에 관한 이야기는 나중에 다시 다루겠다.

제5장

2개의 길
양자역학의 완성

양자론의 사고가 대반전을 이룬 시기는 1900년부터 약 30년간이다. 이 시기가 끝날 때쯤 양자론에서 양자역학이라는 새로운 이론 체계가 완성되었다. 완성된 이론은 행렬역학과 파동역학이라는 2가지 형식이 있었다. 이 둘은 사실 표현 방식이 다를 뿐 완전히 같은 내용이었다.

1 보이는 것이 전부

미시 세계에서는 사물이 불연속적으로 존재한다거나, 본질적으로 이중성을 띤다거나, 나중에 언급하겠지만 사건이 확률적으로 발생하는 등 우리가 흔히 접하는 세계의 일반 상식과는 거리가 있다는 사실을 알게 되었다.

보어를 중심으로 발전한 전기 양자론은 일상 세계의 법칙과 대응해 가면서 어느 정도 미시 세계를 설명했지만, 새로운 시대를 향한 철학적인 다리 역할에 지나지 않았다. 여러 명의 천재가 이론적으로 정확한 길을 찾아 헤맨 끝에 드디어 2명의 천재가 새로운 방향을 찾아냈다.

독일의 이론물리학자인 베르너 하이젠베르크는 1925년에 관측할 수 있는 양observable(관측 가능량)만을 가지고 이론의 큰 틀을 짜려고 했다. 하이젠베르크가 이론적 체계를 세운 양자역학 이론을 오늘날에는 행렬역학matrix mechanics이라고 부른다.

또 오스트리아의 이론물리학자인 에어빈 슈뢰딩거는 1926년, 미시 세계 입자들의 '파동적'인 성질에 주목해서 파동의 움직임을 표현하는 방정식을 유도했다. 슈뢰딩거가 유도한 방정식을 기반으로 한 양자역학을 오늘날에는 파동역학wave mechanics이라고 부른다.

이 2개의 이론은 모두 수학적으로 상당히 복잡하다. 굳이 비교하자면 행렬역학보다 파동역학이 조금 더 이해하기 쉬우므로 많은 양자역학 교과서에서 파동역학을 먼저 다룬다. 이 책에서는 두 양자역학의 분위기만 소개하고자 한다.

2 하이젠베르크의 행렬역학

하이젠베르크는 전기 양자론에서 고전물리학적인 부분은 버리고 양자론적인 새로운 개념만 남기려고 했다. 예를 들어 에너지 준위가 띄엄띄엄하다거나 에너지 준위 사이에 전이가 일어난다는 개념은 양자론에서 처음으로 등장한 개념이었다. 반면에 원자핵 주위의 전자 궤도라든가 회전운동을 한다는 내용은 고전물리학에서 빌려 쓴 개념이었다. 이러한 고전물리학적인 개념들을 미시 세계에 그대로 적용할 수 있을까?

물체의 위치나 속도(혹은 속도에 질량을 곱한 운동량)는 일상 세계에서는 정확하게 특정할 수 있는 물리량이다. 뉴턴역학으로 대표되는 고전물리학은 물체의 운동방정식을 풀어서 시간에 따라 변화하는 물체의 위치와 속도(운동량)를 동시에 구하는 것이 목표이다.

하지만 미시 세계에서 전자의 위치나 운동량은 처음부터 관측할 수 있는 물리량이 아니다. 그러므로 하이젠베르크는 원자핵의 주위를 전자가 '궤도운동을 한다'는 고전물리학적인 개념을 버려야 한다고 생각했다. 원자 안의 전자는 최솟값 이상의 에너지를 가진 정상상태로 존재하며 정상상태 사이를 이동하면서 특정한 파장의 빛을 방출하거나 흡수한다. 이렇게 관측되는 관측가능량을 설명할 수 있으면 그것으로 충분하다고 생각했다.

하이젠베르크의 행렬역학에서도 전자의 위치나 속도에 대응하는 '변수'는 등장하지만 그 물리량을 구하는 것이 목적은 아니다. 행렬역학은 원자로부터 방출되는 스펙트럼선의 세기 등 관측가능량을 확정하는 것이 목표이다.

이를 위해서 행렬연산이라는 수학적 규칙이 필요했다.

3 가환과 비가환 그리고 행렬

입자의 위치와 운동량에 대한 고전물리학적인 고정관념을 버리고 나자, 미시 세계에는 '비가환' 물리량이 존재하며 이들은 한꺼번에 (동시에) 확정할 수 없다는 사실을 알게 되었다.

보통 2개의 양을 곱할 때 순서에 상관없이 같은 결과를 얻는다. 너무 당연한 이 성질을 교환 가능하다는 의미로 가환commutative이라고 말한다. 반대로 곱셈의 순서에 따라 결과가 달라지는 경우를 비가환noncommutative이라고 한다.

예를 들어 수학에서 2×3이나 3×2는 모두 6이며, 문자로 나타낸 $A \times B$나 $B \times A$도 일반적으로 값이 같다. 고전물리학에서도 '위치×운동량'과 '운동량×위치'는 같은 값이다. 하지만 미시 세계에서는 순서가 바뀌면 값이 달라진다.

사실 수학에서도 비가환 수가 있다. 대표적으로 행렬matrix이 그렇다. 행렬은 바둑판처럼 가로와 세로로 원소를 나열해서 나타내는 양으로 행렬 A와 행렬 B가 있을 때 일반적으로 $A \times B$와 $B \times A$의 결과가 다르다.

하이젠베르크는 이 같은 성질을 가진 행렬을 써서 미시 세계의 물리량(위치나 운동량)을 표현했다. 또 비가환이라는 특이한 수학적 규칙 덕분에 시간에 따른 물리량의 변화를 기술하는 방법을 찾아냈다.

그렇게 하이젠베르크가 찾아낸 새로운 수학적 규칙과 기초방정식으로 원자에서 방출되는 선스펙트럼의 파장이나 세기 같은 관측 가능량을 정확하게 계산해 냈다.

4 슈뢰딩거의 파동역학

슈뢰딩거는 미시 세계에서 전자 같은 물질입자도 파동처럼 행동한다는 드브로이 파의 아이디어에 주목했다. 뉴턴역학에 기반을 둔 고전물리학에서도 수면파나 음파, 용수철의 진동과 같은 다양한 진동과 파동을 기술했었다.

따라서 파동이라는 아이디어는 직관적으로도 아주 친숙한 대상이었고, 그만큼 파동 현상을 표현하는 방법도 자세히 연구되었다. 다만 고전물리학에서 다룬 파동은 음파나 지진파처럼 우리가 사는 세상에서도 실제로 존재하며 관측할 수 있는 파동이다.

슈뢰딩거는 드브로이 파의 사고를 발전시켜서 원자핵과 전자의 전자기적인 힘을 토대로 파동으로써 전자가 따라야 할 방정식을 유도해 냈다. 슈뢰딩거도 하이젠베르크와 마찬가지로 궤도운동이라는 개념 대신, 전자의 파동에 대한 함수 즉, 파동함수wave function라는 개념을 도입했다. 그리고 전자의 상태는 무수히 많은 성분을 가진 상태 벡터state vector로 나타낼 수 있다고 생각했다.

가장 흥미로운 부분은 슈뢰딩거가 유도한 방정식을 풀어서 얻은 양자의 파동이 우리가 사는 세상에는 존재하지 않는 파동이라는 점이다. 양자의 파동에 대한 파동함수(상태 벡터)는 직접 관찰할 수 있는 대상이 아니라서 고전물리학에서는 다뤄진 적이 없다. 실제로 존재하지 않는 파동은 양자론에서 처음으로 등장한 완전히 새로운 개념이었다.

5 복소수와 허수의 해

수면파나 음파 같이 세상에 존재하는 파동은 시간에 따라 변화하면서 매질이나 공간을 진행한다. 따라서 파동의 높이나 밀도의 변화량처럼 파동을 표현하는 물리량은 시간과 공간에 대한 함수로 표현되며, 이와 같은 물리량(시간과 공간에 대해서 편미분 가능)은 파동 방정식wave equation으로 나타낼 수 있다. 또한 파동 방정식을 풀면 삼각함수 등으로 표현되는 해를 구할 수 있는데 삼각함수의 형태나 진행 방식이 그대로 파동의 형태나 진행 방식을 나타낸다.

그렇지만 슈뢰딩거가 유도한 양자에 대한 파동 방정식(현재는 '슈뢰딩거 방정식Schrödinger equation'이라고 부른다)에는 허수단위가 포함되어 있다. 따라서 이 방정식을 풀어서 얻은 해, 다시 말해서 슈뢰딩거 방정식을 따르며 양자 파동을 표현하는 물리량은 복소수로 표현된다.

허수단위는 제곱을 하면 −1이 되는 수로, 복소수란 실수와 허수단위로 표현되는 수를 말한다. 세상에 존재하는 물리량은 모두 실수로 표현되므로, 허수는 그 자체로는 세상에 존재하는 물리량이 되지 못한다. 단, 실수를 확장한 복소수는 쓰임이 편리해서 고전물리학에서도 복소수로 파동 방정식의 해를 표현하고, 그중에서 실수로 표현되는 일부분을 물리량에 대응시키기도 한다.

슈뢰딩거 방정식의 해도 실수 부분을 추리는 수학적인 조작을 거치면 우리가 사는 세상에 실재하는 파동으로 해석할 수 있다. 여기서 고전물리학과 크게 다른 부분은 양자의 파동은 근본적으로 복소수 파동이라는 점이다.

6 고유값과 양자화

원자핵 주위의 원 궤도 길이는 전자의 물질파(드브로이 파) 파장의 정수배이자 파형이 잘 닫힌 형태여야 한다. 그러므로 궤도는 띄엄띄엄 존재해야만 한다. 이러한 조건을 전기 양자론에서는 보어의 양자조건이라고 했다. 전자의 궤도 혹은 궤도운동이라는 고전적인 개념은 버려야 했지만, 양자 파동도 일종의 파동이므로 전자 궤도를 설명할 때와 비슷한 상황이 벌어졌다.

무한으로 펼쳐진 공간에서 파동이 전달될 때에는 파장이 아무리 길어도 상관이 없다. 하지만 유한한 영역에 갇힌 파동의 경우는 다르다. 유한한 영역의 경계에서는 파동이 진동할 수 없으므로 경계는 파동의 마디node가 되어야 한다. 그 결과 유한한 영역의 폭은 파장의 1/2배, 1배, 3/2배, 2배, 5/2배 등 정수이거나 정수에 1/2을 더한('반정수'라고 한다) 진동만이 존재할 수 있다. 이처럼 띄엄띄엄한 파동의 에너지를, 파동 방정식의 고유값eigenvalue이라고 한다.

수소의 원자핵(양성자)과 전자 사이에는 플러스와 마이너스의 전기력(쿨롱 힘)이 작용한다. 거리가 가까워질수록 쿨롱 힘은 세어지므로 플러스 전하를 띤 양성자는 마이너스 전하를 띤 전자에 대해 전기적으로 우물 모양의 퍼텐셜potential이 만들어진다. 이와 같은 쿨롱 퍼텐셜Coulomb potential 영역에서 전자의 양자 파동을 생각해 보면, 파장의 정수배나 반정수배의 파동만이 허용된다는 것을 알 수 있다. 슈뢰딩거 방정식에서 띄엄띄엄하게 허용되는 파동의 해(방정식의 고유값)는 원래 양자론에서 그리는 세계에서는 에너지가 띄엄띄엄하게 양자화되어 있다는 사실을 설명해 준다.

7 파동함수의 의미

하이젠베르크의 행렬역학은 원자 스펙트럼의 파장이나 세기 등 관측가능량을 정확하게 계산해 냈다. 슈뢰딩거 방정식을 풀면, 양자수에 맞춰 띄엄띄엄한 에너지가 고유값으로 얻어지고 각각의 에너지에 해당하는 파동함수의 해를 구할 수 있다. 수소 원자의 파동 방정식을 계산하면 이미 측정된 발머 계열의 스펙트럼 파장이나 세기가 정확히 구해진다.

하이젠베르크의 방법도, 슈뢰딩거의 방법도 모두 수소 원자의 관측 사실을 정확하게 설명했다. 두 이론이 각각 제안되었을 때만 해도 방정식이 너무 달라서 어느 쪽이 맞는 이론인지 의견이 분분했다. 그러나 슈뢰딩거가 파동역학을 제창했던 1926년에 그가 직접 행렬역학과 파동역학이 수학적으로 같다는 사실을 증명하였다. 두 이론 모두 미시 세계를 잘 설명했다. 이로써 새로운 물리 이론인 양자역학quantum mechanics의 기본이 완성되었다.

양자적인 상태를 나타내는 상태 벡터는 행렬에서 1열의 행렬에 해당한다.

슈뢰딩거 방정식을 풀면 에너지 준위의 정확한 값인 고유값이 구해진다. 그렇다면 고유값과 동시에 구해지는 파동함수는 대체 무엇을 나타내고 있을까?

파동함수의 의미와 해석에 대해서는 6장에서 더 자세히 다룰 것이다.

8 디랙 방정식

양자론부터 시작해서 양자역학으로 완성된 이론은 1950년경부터 입자론이나 입자물리학으로 발전하게 된다. 양자역학이 완성된 시기에 중요한 발견을 5장의 마지막에 간략하게 소개하려고 한다.

슈뢰딩거 방정식을 비롯한 전기 양자역학은 비상대론적인 결과물이었다. 이러한 슈뢰딩거 방정식은 전자의 속도가 광속보다 충분히 느릴 경우 혹은 전자의 운동에너지가 전자의 정지질량 에너지 rest mass energy보다 충분히 작은 경우에만 적용할 수 있다.

1905년에 발표된 아인슈타인의 특수상대성이론special relativity은 매우 중요한 이론이었기에 양자론에도 특수상대성이론의 개념을 조화시키는 일이 커다란 과제였다.

그러던 1928년, 영국의 이론물리학자인 폴 에이드리언 모리스 디랙이 슈뢰딩거 방정식과 특수상대성이론을 접목해 전자의 상대론적인 파동 방정식인 디랙 방정식Dirac equation을 유도했다.

어떠한 개념이 일반화되면 대체로 새로운 개념이 등장한다. 고전물리학에서 전기와 자기를 전자기로 일반화시킨 맥스웰 방정식에서 전자기파가 자연스럽게 도출된 것처럼 말이다.

디랙 방정식으로부터는 전자의 고유 성질인 스핀이 도출되었다. 전자 스핀은 양자론과 상대성이론을 결합해서 나온 본질적인 결과물이었다.

9 양전자와 반물질

1930년, 디랙은 자신이 유도한 전자의 상대론적 방정식(디랙 방정식)의 해를 바탕으로, 일반적인 전자와 반대 성질을 가진 입자가 필요하다는 사실을 깨달았다. 디랙 방정식은 자연계에서 반물질이 존재한다는 사실을 예언한 방정식이었던 셈이다.

그리고 디랙에게는 정말 행운처럼, 1932년 우주선cosmic ray을 연구하는 미국의 물리학자 칼 데이비드 앤더슨이 디랙의 예언대로 플러스 전하를 띤 전자를 발견했다. 그리고 앤더슨은 이 입자에 양전자positron라는 이름을 붙였다.

오늘날에는 전하를 비롯하여 양자역학적 성질이 정반대인 반입자가 존재한다는 사실을 알고 있다. 예를 들어 양성자와 반양성자, 중성자와 반중성자, 전자와 반전자처럼 말이다. 전하를 띠지 않는 중성의 입자에도 반입자가 존재하며 심지어는 질량이 없는 광자도 광자 스스로 반입자이다.

수소는 양성자와 전자로 이루어진 원자인데, 반양성자와 양전자로 이루어진 반수소도 존재한다. 반수소와 반산소로 반'물'도 만들 수 있다.

이처럼 반입자로 이루어진 물질을 반물질antimatter라고 한다.

디랙 방정식 덕분에 반입자나 반물질의 존재를 알게 되었다. 그런 의미에서 디랙 방정식은 이후 입자론의 출발점이라고 할 수 있다.

디랙은 이러한 공로로 1933년 노벨 물리학상을 받았다.

10 쌍소멸과 쌍생성

 전자와 전자의 반물질인 양전자가 충돌하면 입자가 완전히 사라지면서('쌍소멸, pair annihilation'이라고 한다) 에너지(빛)로 바뀐다. 전자와 양전자의 경우에는 전자-양전자 쌍소멸이라고 부르며 일반적으로는 물질-반물질 쌍소멸이라고 한다.

 미시 세계에서도 에너지나 운동량은 보존된다. 다시 말해서 전자와 양전자가 충돌하기 전과 후의 에너지나 운동량은 보존된다. 만일 전자와 양전자의 쌍소멸로 광자가 1개만 나왔다고 하면 충돌 전후의 운동량은 보존되지 못한다.

 예를 들어 전자와 양전자가 정면으로 충돌하였을 경우 충돌 전의 운동량은 제로이지만, 광자가 1개 생성되었다면 충돌 후에는 운동량이 존재하므로 제로가 아니다. 따라서 쌍소멸 전후로 운동량이 보존되려면 쌍소멸로 반드시 2개의 광자가 생성되어야 한다. 이와 함께 충돌 전후에 에너지도 보존되어야 한다. 만일 전자의 속도가 느리다면 충돌 전에는 전자와 양전자를 합쳐서 전자 2개 분량의 정지질량 에너지를 가진다. 이를 에너지 단위로 표현하면 511KeV(킬로전자볼트)×2이다.

 한편 쌍소멸 후에 광자 2개가 생성된다면 광자 2개 분량의 에너지도 511KeV×2이므로 광자 1개의 에너지는 전자의 정지질량 에너지에 해당하는 511KeV이다. 이 크기는 감마선 광자에 해당하는 에너지이다. 따라서 전자·양전자 쌍소멸이 일어나면 일반적으로 감마선 광자가 2개 방출된다. 쌍소멸과 반대로 아주 큰 에너지로부터 입자와 반입자쌍이 생성되는 경우도 있다. 이를 쌍생성 pair creation 이라고 한다.

제6장

불확정적이며 확률적인 미시 세계!
새로운 아이디어

기묘하고 불가사의한 미시 세계의 대표적인 성질로 모든 사물이 불확정적이고 확률적이라는 점을 들 수 있다. 우리가 사는 세상에서는 언제, 어디서, 누가 있는지를 원리적으로 확정하거나 결정할 수 있다. 그러나 미시 세계에서는 언제, 어디에, 입자가 존재하는지를 원리적으로 확정할 수 없다. 우리는 단지 여러 곳에 입자가 존재할 가능성이 있다는 확률만 알 뿐이다.

1. 모든 사건은 확률적으로 일어난다

우리 주변에는 모든 사물이 연속적으로 존재한다. 하지만 미시 세계에서의 물리량은 불연속적이어서 띄엄띄엄한 값으로만 존재한다.

우리가 사는 세상에서는 어떤 현상이 벌어질지 정해져 있고, 어떠한 상태인지 정확하게 말할 수 있다. 이것이 상식이다. 책상 위에 올려놓은 펜은 내일도 그대로 책상 위에 있을 것이다. 해가 져서 밤이 되어도 내일이 되면 다시 해가 뜰 것이다. 우리의 일상에서 벌어지는 일은 이렇게 확실하게 정해져 있다.

하지만 양자론에 의하면 우리의 상식이 뒤엎어진다. 미시 세계에서 모든 현상은 불확정적uncertainty이며, 모든 사건은 확률적stochastic으로 일어난다.

예를 들어 태양의 주위를 도는 지구의 운동을 관찰해 보자. 어디에 지구가 있고 어느 방향으로 운동하는지 명확하다. 즉 지구의 위치와 운동량은 확실한 물리량으로 정해져 있다. 또 다음 순간에 지구가 어디로 이동할지 예측할 수 있다. 다시 말해서 지구가 어떻게 운동할지 정해져 있다.

그렇다면 미시 세계는 어떨까? 수소 원자의 양성자 주변에 존재하는 전자를 관찰할 때 전자의 위치와 운동량을 확정하는 일은 근본적으로 불가능하다(불확정적). 전자가 언제, 어디로 이동할지도 결정할 수 없다(확률적).

양자론의 관점으로 미시 세계는 모든 일이 불확정적이고 확률적이다.

2 파동함수와 전자구름

슈뢰딩거 방정식을 풀어서 얻은 파동함수는 세상에 존재하지 않는 복소수로 된 함수이다. 그렇다면 이 파동함수는 대체 무엇을 나타내는 것일까?

보통 실수에는 절댓값이 있듯이 복소수에도 절댓값이 있다. 또 실수의 절댓값이 양의 실수이듯이 복소수의 절댓값도 양의 실수이다. 파동함수의 절댓값을 구하면, 세상에 존재할지도 모르는 의미 있는 수가 된다.

실제로 파동함수 절댓값의 제곱을 그래프로 그려 보면 그래프의 피크(정점)가 전기 양자론에서 등장했던 전자의 '궤도 반지름'과 일치한다. 심지어 다른 양자수에 대한 슈뢰딩거 방정식을 풀어도 각각의 양자수에 대응하는 에너지 준위를 고유값으로 얻을 수 있고, 그 에너지 준위에 대응하는 '궤도 반지름'을 피크로 갖는 파동함수가 구해진다.

양자론에서는 전자 궤도를 고전역학적인 낡은 개념으로 여겨 배제했었다. 그런데 파동함수가 나타내는 피크의 위치가 전자의 '궤도 반지름'과 일치한다니, 파동함수가 전자의 '위치'와 어떠한 형태로든 관련이 있다고 상상할 수 있다.

전자는 점이 아니라 공간에 넓게 퍼져 분포할까? 구름처럼 전자구름electron cloud으로 분포하고 있을까?

3 전자구름은 존재 확률의 구름

양자론에 의하면 파동의 일종으로 여겼던 빛도 광자처럼 행동하며, 입자라고 생각했던 전자도 파동과 같은 성질을 보인다. 따라서 전자는 단순한 입자가 아니다. 그렇다고 입자처럼 행동하는 전자가 양성자 주변에 진짜 구름처럼 퍼져 있다는 해석을 곧이곧대로 받아들이기 어렵다.

이런 기이한 상황을 두고 독일의 물리학자인 막스 보른은 1926년에 파동함수의 확률 해석 probability interpretation을 제안했다. 파동함수의 절댓값을 제곱한 값은 전자가 존재할 확률을 나타낸다는 주장이었다. 파동함수를 확률 파동 probability wave으로 본 것이다.

조금 더 구체적으로 설명해 보자. 예를 들어 전자 1개가 양성자 주변의 어딘가에 입자로 존재하고 있다. 어디에 존재하는지 확실하지 않지만, 파동함수의 절댓값을 제곱('확률진폭, probability amplitude'이라고 한다)하면 입자가 존재할 가능성이 있는 곳을 나타낸다. 그래서 원자 주변에 전자가 존재할 확률을 모두 더하면 1이 된다(전자가 원자 주변에 반드시 존재한다).

혹은 원자 1개에 속한 전자의 위치를 반복해서 찾거나 수많은 원자 중에 전자의 위치를 찾아서 그 결과를 종합해 보면, 전자가 위치할 가능성이 마치 전자구름처럼 나타난다는 것이다.

파동함수를 확률 파동으로 본 보른의 해석 덕분에 파동함수가 물리적으로 의미 있게 되었고, 그와 동시에 미시 세계에서는 사건이 확률적으로 일어난다는 개념이 정착할 수 있었다.

4. 확률적인 실험 결과

일반적인 상식으로 생각하면 미시 세계에서 일어나는 현상이 확률적이라는 해석은 참 이상하게 들린다. 하지만 한 번 받아들이고 나면, 사건이 확률적으로 발생한다는 사실을 보여 주는 수많은 실험 결과를 접할 수 있다.

토머스 영의 이중 슬릿 실험이 그렇다. 광자나 전자를 가지고 한 실험에서 입자를 1개씩 쏘자 스크린 어딘가에 한 점으로 나타났다. 그러나 수많은 입자를 반복해서 실험하자 확률이 높은 부분에는 입자들이 많이 부딪히면서 간섭무늬가 만들어졌다.

또 다른 예로 방사성동위원소 붕괴를 들 수 있다. 원자 1개가 언제 방사선을 내보내면서 붕괴하는지는 정해져 있지 않다. '우라늄 239가 약 24분 후에 붕괴할 확률은 50%이다'라는 식으로 우리는 붕괴 확률만 알고 있을 뿐이다. 그래서 상당히 많은 양의 우라늄을 관찰하면 약 24분 후에는 처음 우라늄 양의 약 절반이 붕괴되어 있다.

수소 원자에서 빛이 방출되는 타이밍이나 빛이 나오는 방향도 확률적이다. 여러 개의 수소 원자가 일정 비율로 빛을 방출하기는 하지만, 하나하나의 수소 원자가 언제 빛을 내보낼지 정해져 있지 않다. 상당히 많은 양의 수소 원자에서 방출되는 빛은 평균적으로 임의의 방향으로 고르게 방출된다. 하지만 각각 수소 원자에서 방출되는 빛이 어느 방향을 향할지는 알 수 없다. 이 경우에는 방출될 확률이 모든 방향으로 고르게 분포한다.

5 불확정성 원리

미시 세계에서는 모든 현상이 불확정적이며 확률적으로 일어난다. 이 사실을 결정적으로 증명한 것이 1927년 하이젠베르크가 제창한 '불확정성 원리Uncertainty Principle'이다.

하이젠베르크는 좌표와 운동량에 대해 다음과 같은 사고실험Gedankenexperiment을 했다. 무언가를 보려면(관측하려면) 반드시 빛이 부딪혀야 한다. 만일 우리가 전자 1개의 위치(좌표)를 측정하려면 그 전자에 파장이 짧은 빛(광자)을 쏘여서 산란되어 나오는 빛을 현미경으로 관찰해야 한다. 원리적으로는 가능하다. 문제는 광자를 쏘면 전자가 광자와 충돌하면서 어디론가 튕겨 나간다(콤프턴 효과)는 점이다. 전자의 좌표를 측정하려고 하면, 측정하는 행위 때문에 전자의 운동(운동량)이 불분명해지는 것이다.

이 부분은 양자론 법칙에서도 아주 중요하므로 잠시 수식을 써서 설명해 보자. 광자는 파동이기도 해서 광자가 쏘았을 때 전자의 좌표 x에는 광자 파장인 λ정도(그 이상)의 불확정성이 남는다.

전자 좌표의 불확정성 : $\triangle x \sim \lambda$

한편 광자의 운동량은 플랑크 상수 h를 파장 λ로 나눈 값이므로, 광자가 전자에 충돌하면 전자의 운동량도 비슷한 정도로 변화한다.

전자 운동량의 불확정성 : $\triangle p \sim h/\lambda$

두 결과를 종합하면 다음과 같다.

좌표와 운동량의 불확정성 : $\triangle x \times \triangle p \sim h$

전자의 위치(좌표)와 운동량을 동시에 관측하려면 원리적으로 플랑크 상수만큼의 불확정성이 항상 남게 된다. 이것이 불확정성 원리의 기본적인 발상이다.

6 에너지도 불확정

에너지의 불확정성 $\triangle E$와 측정 시간의 불확정성 $\triangle t$ 사이에도 불확정성 원리가 성립한다.

$$\triangle E \times \triangle t \sim h$$

우리의 감각으로는 열이나 빛 에너지 양을 측정할 때 시간을 들여 측정하면 정확하게 정해진 에너지양을 얻을 수 있다($\triangle E$가 제로). 실제로 위 식을 $\triangle E = h/\triangle t$로 변형하면 플랑크 상수 h는 아주 작은 수라서 일반적으로 측정 시간 $\triangle t$가 충분히 커야 오차 $\triangle E$가 사실상 제로0가 되어 무시할 수 있다.

그러나 플랑크 상수가 아무리 작은 수라고 하더라도 제로0가 아닌 유한한 값이다. 그러므로 측정 시간 $\triangle t$가 짧아지면 에너지양의 불확정성 $\triangle E$를 무시할 수 없게 된다. 바꾸어 말하면 얼마만큼의 에너지가 존재하는지 전혀 알 수 없게 된다.

식을 변형해 보자. $\triangle t = h/\triangle E$로 바꾸면 또 다른 해석이 가능하다. $\triangle E$라는 에너지양은 무無에서 갑자기 생겨난 값이 아니다. 실제로 플랑크 상수는 아주 작아서 에너지양이 적당히 크면 사실상 $\triangle t$는 제로0가 된다. 그러나 에너지양이 아주 작아지면, 찰나의 시간이지만 $\triangle t$ 시간만큼은 에너지가 얼마든지 존재할 수 있다는 의미이다.

플랑크 상수는 상당히 작은 수라서 커다란 물체가 멋대로 존재할 가능성은 거의 무에 가깝지만, 전자처럼 에너지가 작은 기본입자의 경우에는 아주 짧은 시간 동안 마음대로 나타났다가 사라져도 무방하다. 에너지 보존 법칙을 완전히 깨부수는 말도 안 되는 발상이지만, 양자역학의 법칙을 믿는 한 불확정성 원리는 명백하게 그리고 확실하게 성립하며 실험으로도 검증된 사실이다.

7 코펜하겐 해석

앞에서도 설명했듯이 우리는 원자에 속한 전자가 어디에 존재하는지 모른다. 원자핵 주위에 전자는 분명히 있지만 어디든 존재할 확률이 1보다 작고, 원자핵 주변 영역 모든 곳의 존재 확률을 더하면 1이 되므로 어딘가에는 반드시 존재한다. 전자가 존재하는 곳은 복소수 공간에서 무수히 많은 가능성이 합쳐진 파동함수로 표현된다.

최근 원자 사진을 촬영할 수 있을 정도로 기술이 발전하면서 실제로는 위치를 특정할 수 있지 않느냐고 생각하는 사람이 있을지도 모른다. 분명 그렇기는 하다. 전자가 어디에 있는지 확정할 수는 없지만 전자의 위치를 특정하고자 할 때 '관측'을 하면 전자가 어디에 있는지 발견할 수 있다. 관측하기 전, 전자는 공간에 확률 파동으로, 연속적으로 퍼져 존재한다. 그러나 관측 행위가 이루어지는 순간 파동함수의 수축wave function collapse이 일어나고 특정 장소에 전자가 존재할 확률이 1이 되면서 전자가 관측된다.

미시 세계에서는 모든 현상이 근본적으로 불확정적이고 확률적으로 일어나지만 우리가 '관측'을 하면 그때마다 무수히 많은 가능성 중에서 가장 가능성이 큰 상태가 결과로 표현된다. 이러한 생각을 코펜하겐 해석Copenhagen interpretation이라고 한다. 보어가 이론물리연구소를 코펜하겐에 설립했고 그곳으로 유명한 과학자들이 모이면서 코펜하겐 학파가 생겼는데 이를 본떠 붙여진 이름이다.

8 신은 주사위를 굴리지 않는다

관측이나 해석 문제에 대해서는 마지막 장에서 다시 다룰 것이므로 여기서는 간단히 보어와 아인슈타인의 논쟁을 언급하고 넘어가자.

아인슈타인은 현상이 확률적으로 결정된다는 성질을 상당히 불편하다고 느꼈다. 그러면서 겉으로는 확률적으로 보여도 실제로는 매개 변수parameter가 있어서 확정적으로 결정된다고 생각했다. 양자론의 선구자로서 광양자를 제안했던 아인슈타인이지만 양자론의 확률적 세계관에 대해서는 평생 반대했다.

이러한 그의 생각은 단적으로 "신은 주사위를 굴리지 않는다."라는 말에서 드러난다. 아인슈타인이 말하는 '신'은 종교적 절대자를 가리키는 것이 아니라 질서 있고 조화로운 세계를 의미하는 '스피노자의 신'이라는 말도 남겼다.

아인슈타인은 양자역학을 반대하고 부정했다. 하지만 단순한 부정으로 그친 것이 아니라 '생산적인 부정(건설적인 부정)'이었다는 점이 중요하다.

아인슈타인은 양자역학이 왜 바람직하지 않은가, 어디가 아름답지 않은가에 대해서 끊임없이 질문을 던졌다. 그리고 구체적인 문제점을 차례로 지적하면서 양자역학을 주도적으로 이끌었던 보어를 비롯해 그와 의견을 같이한 과학자들과 맞섰다. 아인슈타인의 지적에 대해 보어와 과학자들은 최대한 머리를 짜내 대답했다. 아인슈타인의 물음과 보어의 대답은 양자역학을 발전시키는 데 크게 이바지한 논쟁이었다.

제7장

우리 주변은 양자투성이?
양자론이 떠받치는 현대 문명

양자론은 일반 상식으로 이해하기 힘든 부분이 많지만, 양자론적인 현상이 실험실에서만 확인되는 것은 아니다. 일상에서도 양자론적인 현상은 자주 볼 수 있다. 더욱이 현대 문명은 양자론 없이 이루어지지 못했다. 양자론이 오늘날의 전자 문명을 떠받치고 있기 때문이다.

1. 형광등 불빛으로 피부가 그을리지 않는 이유

 광전효과는 고전물리학의 한계를 드러내며 새로운 물리학이 필요하다는 당위성을 의미하는 실험이었다. 그래서인지 광전효과라고 하면 실험실에서만 일어나는 특별한 현상처럼 생각되기도 한다. 하지만 양자 현상은 우리 주변에서도 흔히 볼 수 있다.

 예를 들어 뜨거운 햇볕이 내리쬐는 여름에는 금방 피부가 그을리지만 형광등이나 난로 주변에서는 아무리 장시간 빛을 쬐어도 피부가 타지 않는다. 이것이 바로 양자 효과이다.

 원래 피부가 그을리는 현상은 자외선이 피부에 닿았을 때 피부가 광화학적 반응을 일으켜 검게 변하는 생리 현상을 말한다. 피부 세포가 광화학 반응을 일으키려면 광전효과와 마찬가지로 일정 이상의 에너지가 필요하다. 햇빛은 가시광선이 넓은 영역을 차지하지만 파장이 긴 적외선이나 파장이 짧은 자외선도 모두 포함되어 있다. 이 중에서 피부를 타게 하는 원인은 자외선이다. 따라서 가시광선 비중이 높은 형광등이나 대부분 적외선을 내뿜는 난로는 아무리 밝거나 뜨거워도 그 빛에 피부가 그을리지 않는다. 피부를 타게 하려면 에너지가 큰 자외선을 방출하는 자외선등이 있어야 한다.

 자외선 차단제가 담긴 용기를 보면 UV-A나 UV-B를 막아 준다고 적혀 있다. UV-A는 파장이 긴 근자외선(320~400nm 파장)으로 화학작용이 강하지 않아서 건강해 보이는 구릿빛 피부를 만든다. 반면 UV-B는 파장이 짧은 자외선(290~320nm 파장)으로 화학작용이 강해서 피부가 빨갛게 변하거나 물집이 생기도록 만든다. 양자론을 알면 피부를 건강하게 관리하는 요령도 터득할 수 있다.

2. 어두운 밤하늘에서 빛나는 별이 보이는 이유

'맨눈으로 별을 본다'는 사실도 우리 주변에서 흔히 보는 양자 현상 중의 하나이다.

별뿐만이 아니라, 근본적으로 빛이나 색을 인식한다는 것은 어떠한 과정으로 일어날까?

눈에 들어온 빛은 수정체로 모여져 망막에 있는 시신경(빛을 느끼는 세포)에 닿는다. 이 빛으로 인해 시각 세포 안의 로돕신이라는 단백질이 광화학 반응을 일으킨다. 연달아 광화학 반응이 일어나면 이때 생겨난 화학물질이 시신경을 자극하고, 이 자극으로 인한 신호가 신경계를 통해 대뇌까지 전달된다. 대뇌의 신경중추에서 신호가 처리되면서(지금까지의 경험으로 학습한 내용과 비교되면서) 대상의 형태나 밝기, 색이 인식된다.

이 과정의 첫 단계를 주목해 보자. 시각 세포에서 광화학적 변화를 일으키려면 최소한의 에너지가 필요하다. 여기서 밤하늘의 별을 다시 떠올려 보자. 별빛은 상당히 약한 편이다. 만일 빛에너지가 연속적이라면 어두운 곳에서 장시간 노출해야 사진이 찍히는 것과 마찬가지로 오랫동안 별을 바라보아야만 한다. 하지만 우리는 짧은 순간에도 별을 볼 수 있다.

이 현상이 바로, 별빛은 에너지 덩어리인 양자로써 아득히 먼 우주 저편에서 날아왔다는 증거이다. 빛이 양자가 아니었다면 우리 인간은 밤하늘의 별을 볼 수 없었을 것이다.

3 방 안의 양자들 : 텔레비전, CD, DVD

우리 주변을 둘러보면 컴퓨터를 비롯해 양자론이 집적된 '문명의 이기'로 넘쳐난다. 양자론의 역할을 조금 더 구체적으로 살펴보자.

대부분의 가정 거실에서 얼굴 역할을 하는 텔레비전은 어떨까? 방송 전파만 보면 고전물리학으로도 충분히 설명할 수 있다. 사실 헤르츠가 전파를 발견한 것도 양자론 이전의 일이었다.

하지만 텔레비전 회로나 컴퓨터 부품에 쓰이는 반도체semiconductor는 양자론의 산물이다.

금속처럼 전기가 잘 통하는 성질의 물질을 도체라고 하고, 종이처럼 전기가 잘 통하지 않는 물질을 절연체라고 한다. 한편 일정한 조건에 따라 전기가 통하기도 했다가 그렇지 않기도 하는 물질을 반도체라고 한다. 자연계에는 도체와 절연체가 존재하지만, 대부분의 반도체는 인공적으로 만들어진 물질이다. 반도체는 여러 가지 유형이 있는데, 물질에 포함된 전자의 양자적인 움직임을 이해하면서 다양하게 제조할 수 있게 되었다.

또 CD 플레이어나 DVD 플레이어는 CD나 DVD 같은 광학 디스크 표면에 있는 미세한 요철(피트)로 된 디지털 정보를 레이저로 읽는 장치이다. 레이저는 빛 파동의 마루와 마루, 골과 골을 겹쳐서 만든 아주 강한 빛이다. 많은 원자의 전자를 같은 에너지 준위로 들뜨게 했다가 동시에 낮은 에너지 준위로 전이시켜서 만든다. 레이저의 원리는 양자론이 그대로 적용된 예이다.

4. 휴대품에서의 양자들 : 시계, 디지털카메라, 휴대전화

일이나 쇼핑으로 외출할 때 소지품으로 시계, 휴대전화, 디지털카메라, 갖가지 종류의 카드 등을 챙긴다.

시계나 전자계산기에 종종 사용되는 태양전지solar cell는 광전효과를 거의 그대로 이용한 장치이다. 태양전지도 반도체의 한 종류로 햇빛이 닿으면 반도체 내부의 원자에서 전자가 튀어나온다('광전자'라고 한다). 튀어나온 광전자는 반도체 외부로 나오지 않고 반도체 내부에서 특정 방향으로 움직이며 전류를 생성한다.

휴대전화 내부는 반도체로 가득 차 있고 디지털카메라도 반도체와 광전효과를 이용한 것이다. 예를 들어 디지털카메라의 성능이 1,000만 화소급이라고 한다면, 디지털카메라의 촬영부에 1,000만 개의 반도체소자가 가로세로로 빼곡히 들어가 있다는 의미이다. 카메라 촬영부는 렌즈의 초점이 놓이는 곳으로, 피사체의 상(이미지)이 맺히면 상의 밝기(혹은 색)에 따라서 각 화소에 다른 양의 광전자가 발생한다. 이 광전자를 전류로 검출하면 피사체 상의 디지털 정보를 얻을 수 있다.

신용카드나 각종 신분증에 이용되는 IC 카드도 이름 그대로 반도체 메모리나 집적회로(IC 회로)를 붙인 카드이다.

5 거리의 양자들 : LED 신호등

요즘 길을 걷다 보면 LED 신호등이 눈에 많이 띈다. 교통이 원활하게 흐르도록 도와주는 신호등은 원래 전구 방식이 주류였지만 전구는 소비전력이 높고 수명이 1년 정도로 짧은 단점이 있다. 그래서 최근에는 소비전력이 전구의 5분의 1수준이며 수명이 긴 LED로 많이 바뀌는 추세이다.

LED란 발광 다이오드 light emitting diode를 말하는데, 이것 역시 반도체의 한 종류이다. LED는 신호등뿐만 아니라 크리스마스 때 거리의 전등 장식(일루미네이션) 등 다양한 분야에서 쓰인다.

종류가 다른 반도체를 접합한 것을 일반적으로 다이오드 diode라고 한다. 이때 접합한 반도체의 성질을 이용하여 전압을 걸었을 때 빛이 나오도록 만든 장치를 LED라고 한다. 전자나 광자의 양자적인 성질을 파악하면 예전에는 생각하지 못했던 마법 같은 도구도 만들어 낼 수 있다.

또 LED 중에는 발광층에 유기화합물을 이용하는 경우도 있는데 이것을 유기 발광 다이오드라고 하고, 간단하게 '유기 EL'이라고 부른다. 유기 EL 디스플레이는 이미 휴대전화 등에 널리 사용되고 있다. 또한 얇은 수지필름을 활용한 휘어지는 디스플레이도 실용화되었는데 앞으로 사용될 새로운 박막 디스플레이로써 주목받고 있다.

6 터널 효과와 에사키 다이오드

쿨롱 힘 등 어떤 퍼텐셜 안에 전자 같은 입자가 갇혀 있다고 생각해보자. '갇혀 있다'는 말은 입자가 가진 에너지가 퍼텐셜 장벽보다 낮다는 의미이다.

고전물리학적으로는 자신이 가진 에너지보다 높은 퍼텐셜 장벽을 넘어서 입자가 밖으로 나오는 일이 불가능하다. 하지만 입자를 파동으로도 설명하는 양자론에 의하면 입자가 에너지 차이 등으로 결정되는 확률로 퍼텐셜 장벽을 통과할 수 있다. 이 현상을 터널 효과tunnel effect라고 한다.

예를 들어 알파선을 방사하는 원자핵 붕괴 현상은 터널 효과로 설명된다.

1956년 일본의 물리학자인 에사키 레오나가 터널 효과를 이용한 새로운 형식의 다이오드를 발견했다. 이것을 '터널 다이오드' 혹은 '에사키 다이오드'라고 하는데 지금도 마이크로파를 발신하는 회로 등에 이용된다. 터널 다이오드를 발견한 공로로 에사키 레오나는 1973년 노벨 물리학상을 받았다.

현대 문명을 이룩하는 데 든든한 기둥인 '일렉트로닉스electronics'를 '전자공학'으로 번역하는데, 말 그대로 대부분 전자의 양자 효과를 이용한 기술이다. 극히 작은 세계를 다루는 기술을 '나노테크놀로지nanotechnology'라고 하는데 머지않아 원자핵이나 기본입자 등을 이용한 기술이 발전하게 될 것이다.

7 교통·운송 : 자기부상열차

자기부상열차MAGLEV는 고속으로 달리면서도 조용하고 친환경적인 특징 때문에 차세대 철도차량으로 주목받고 있다. 또한 자석의 반발력으로 물체를 띄우는 리니어 모터라는 특수한 모터로 구동되기 때문에 별칭으로 '리니어 모터카'라고도 한다.

일반적으로 모터는 회전하는 전자석 주변으로 고정된 영구자석이 원통형으로 둘러싸고 있다. 전자석에 전류를 흘려 극성을 바꾸어 주면 중심축을 회전하면서 구동하는 원리이다.

반면에 리니어 모터는 차량과 궤도(레일) 양쪽 모두에 전자석을 띠처럼 나열하여 자석의 척력과 인력이 번갈아 작용하면서 직선운동을 하도록 만든 장치이다. 이 리니어 모터에도 양자론이 적용된다.

특정 금속을 초저온 상태로 만들면 전기저항이 갑자기 없어지는 현상이 발생하는데 이를 초전도superconductivity라고 한다. 초전도는 금속 내부의 전자(페르미온)가 2개씩 짝을 이루어 마치 광자와 같은 보손 입자처럼 행동하면서 일어나는 효과로 양자론으로 설명되는 특이한 현상이다.

보통 전자석은 구리선 등으로 코일을 만들고 여기에 전류를 흘려보내어 자기장을 만든다. 하지만 전기저항 때문에 에너지 손실이 크다. 반면에 양자론을 활용해서 만든 초전도체superconductor는 기본적으로 전기저항이 없어서 전류가 영구적으로 계속 흐르기 때문에 매우 강한 전자석을 만들 수 있다. 자기부상열차에도 강력한 전자석이 필요하므로 초전도자석을 이용한다.

8 의료 : X선, MRI, PET

최첨단 의료 분야에서도 양자가 활용되고 있다.

살아 있는 인간의 신체 내부를 관찰하는 일은 간단하지 않다. 최초로 인체 내부를 투시하는 수단으로 개발된 것이 X선 촬영 장치이다. 투과력이 강한 전자기파인 X선을 쪼여 인체 내부에서 흡수되는 비율을 보고 뼈의 이상이나 환부를 찾아내는 장치이다. 1895년 독일의 물리학자인 빌헬름 콘라트 뢴트겐이 X선을 발견하였고 이 업적으로 1901년 제1회 노벨 물리학상을 받았다.

뇌 내부의 미세한 구조를 조사하는 데에는 자기공명영상법인 'MRI magnetic resonance imaging'를 많이 사용한다. MRI는 자기공명이라는 현상을 이용한 장치이다. 생체에 다량으로 포함된 수분 중에 수소의 스핀 상태를 알아내어 수소의 상태나 수소를 포함한 물 분자의 상태를 분석함으로써 신체 내부의 정보를 자세히 얻는 장치이다. X선 촬영보다 해상도가 뛰어나고 방사선에 노출되지 않아도 되는 장점이 있다.

최근에 자주 듣는 'PET'은 양전자방출단층촬영법 positron emission tomography의 약자로 이름처럼 양전자를 검출하여 컴퓨터 단층촬영을 하는 기술이다. 이 기술의 원리는, 붕괴할 때 양전자를 방출하는 방사성 레이저를 신체에 투사한다. 이때 신체 내부에서 방출된 양전자와 체내 수분 중의 전자가 쌍소멸하면서 방출하는 감마선을 검출하여 인체 내부의 자세한 정보를 얻는 것이다.

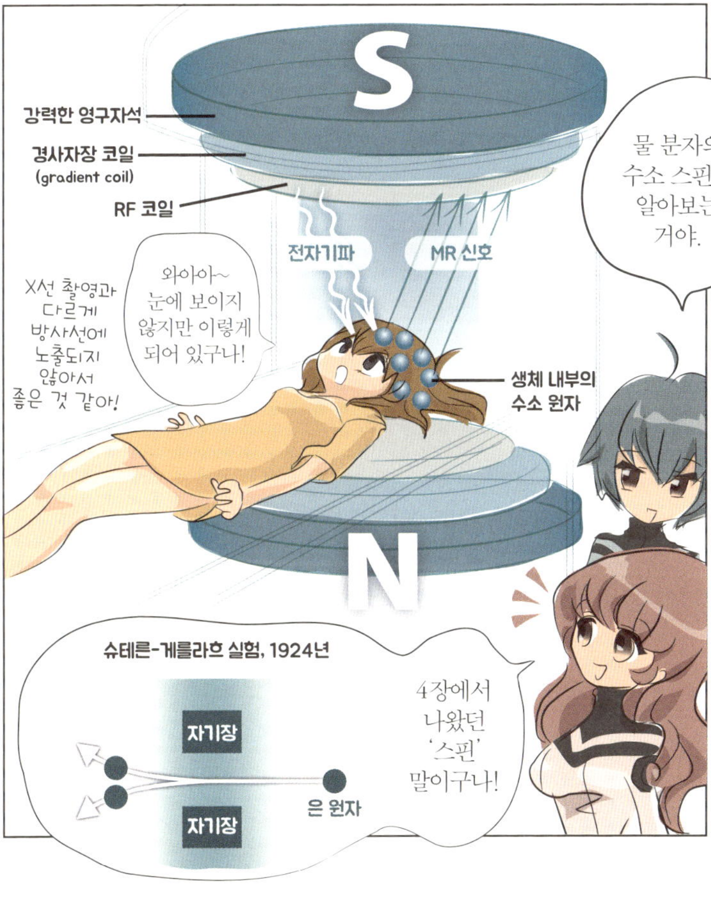

제8장

대칭의 세계
입자물리학의 발전

양자론은 양자역학으로 완성된 후, 20세기 후반에 다양한 입자의 상호작용을 통일적으로 설명하는 입자물리학으로 발전하였다. 오늘날에는 전자나 중성미자 같은 렙톤(경입자)과 양성자나 중성자 그리고 중간자를 구성하는 쿼크가 물질을 만드는 기본입자라고 생각한다. 이러한 물질입자 사이에서 작용하는 다양한 힘도 광자나 중력자 같은 입자가 힘을 매개한다고 생각하고 있다. 이 장에서는 입자물리학의 현재를 아주 간단하게 소개하고자 한다.

1. 베타 붕괴와 중성미자

양성자, 중성자, 전자 그리고 광자가 미시 세계를 대표하던 시절에는 양자론이 기묘하고 기상천외하기는 했지만 미시 세계를 설명하는 방식은 그나마 간단한 편이었다. 실험이나 이론이 발전을 거듭하면서 미시 세계도 점점 복잡해졌다.

첫 번째로 다룰 입자는 중성자의 베타 붕괴를 설명하기 위해서 파울리가 예상한 중성미자 neutrino(뉴트리노)이다.

중성자는 원자핵으로 존재할 때는 안정하지만, 핵분열 등으로 원자핵과 분리되면 15분 정도 만에 붕괴한다. 이때 중성자 1개는 양성자 1개 + 전자 1개 + 반중성미자 1개로 붕괴한다. 붕괴하는 과정에 전자(베타선)가 방출되는데 이를 베타 붕괴 beta decay라고 부른다. 베타 붕괴에서 방출되는 반중성미자는 중성미자의 반입자이다. 둘 다 전하를 띠지 않으며 핵력도 작용하지 않고 질량도 거의 제로에 가까운 기본입자인 탓에 검출하기가 상당히 어렵다.

처음 베타 붕괴가 관찰되었을 때 중성미자의 존재는 아직 알려지지 않은데다가 관측되지도 않아서 중성자가 양성자와 전자로만 붕괴한다고 생각했다. 그런데 붕괴 전후의 질량이나 전하는 거의 보존된 상태였지만, 운동량은 보존되지 않았다.

양자역학의 풍운아, 파울리는 1931년 질량은 거의 제로이며 전하가 없는 상당히 작은 입자가 운동량을 갖고 달아났다고 예측했다. 그리고 당시 이 가상적인 입자에 이탈리아 어로 '중성이며 아주 작은 것'이라는 의미로 뉴트리노라는 이름을 붙였다.

그리고 2002년, 초신성 폭발로 발생한 천체 중성미자를 검출한 업적으로 고시바 마사토시가 노벨 물리학상을 받았다.

2 핵력과 중간자

파울리가 중성미자의 존재를 예견하고 몇 년 후인 1935년, 일본의 물리학자인 유카와 히데키가 핵력을 매개하는 입자로 중간자meson(메손)의 존재를 예언했다.

그리고 유카와 히데키가 예상했던 파이 중간자는 1947년에, 파울리가 예상했던 중성미자는 1956년에 실제로 발견되었다.

원자핵은 일반적으로 복수의 양성자와 중성자로 이루어져 있다. 양성자는 플러스 전하를 띠므로 양성자들끼리 반발력이 생기기 마련이다. 따라서 복수의 양성자를 원자핵이라는 작은 덩어리로 뭉쳐 있게 하려면 양성자나 중성자와 같은 핵자를 결합하는 강한 힘이 필요하다. 또 힘의 크기는 아주 작은 원자핵 범위에서는 적어도 전자기력보다 세야 했다. 이러한 성질을 가진 힘을 핵력nuclear force이라고 한다.

유카와 히데키는 1935년 핵력을 일으키는 원인으로 중간자라는 새로운 유형의 기본입자를 예상하고 질량이 전자의 수백 배에 달한다고 추정했다.

양성자, 중성자, 전자와 이들의 반입자 그리고 광자, 중성미자 정도밖에 모르던 1935년 당시에 유카와의 예언은 시대를 앞선 대담한 아이디어였다.

그리고 중간자의 실재가 검증된 1949년, 일본인으로서는 처음으로 유카와 히데키가 노벨 물리학상을 받았다.

3 이렇게 많아도 '기본' 입자?

중성미자나 중간자 등 새로운 입자가 예언되는 한편, 1937년에는 우주선cosmic ray에서 나중에 뮤온muon이라고 밝혀진 기본입자가 발견되었다. 뮤온은 1947년에 파이 중간자가 발견되기 전까지만 해도 유카와 히데키가 예언한 중간자라고 여겨지기도 했다. 그러나 이제는 전자와 비슷한 기본입자로, '무거운' 전자처럼 생각하면 된다.

입자가속기 실험이 활발해진 1950년 전후로 K(케이) 중간자, Λ(람다) 입자, Σ(시그마) 입자, Ξ(크시) 입자 등이 발견되었다. 그중에서 K중간자는 이름처럼 파이 중간자와 비슷하다. 또 Λ입자 등은 '무거운' 핵자라고 생각하면 된다. 이후에도 반양성자나 중성미자가 실험을 통해 발견되었다.

이렇게 기본입자들이 늘어나자 정리가 필요해졌다.

현재에는 기본입자 중에서 핵자나 중간자처럼 핵력과 관련된 물질입자를 통틀어 강입자hadron(하드론)라고 부른다. 강입자는 크게 핵자처럼 비교적 질량이 무거운 중입자baryon(바리온)와 핵자보다 가볍지만 전자보다 무거운 중간자(메손)으로 나뉜다.

전자나 중성미자처럼 핵력의 영향을 받지 않지만 전자기력과 약한 상호작용을 하는 물질입자를 통틀어 렙톤lepton이라고 부른다.

- 양성자
- 중성자
- 전자
- 반양성자, 반중성자, 반전자
- 광자
- 중성미자
- 뮤온

중성미자, 중성자의 존재가 예견되고, 짜잔~ 발견된 입자가 바로 뮤온이었어. 무거운 전자라고 할 수 있지.

기본입자 종류가 너무 많아서 이젠 뭐가 뭔지 모르겠어.

핵력의 영향을 받는 입자

강입자(하드론)
- 중입자(바리온)
  - 핵자(양성자, 중성자)
  - Δ(델타) 입자, Λ(람다) 입자
  - Σ(시그마) 입자, Ξ(크시) 입자
- 중간자(메손)
  - π(파이) 중간자, K(케이) 중간자
  - ω(오메가) 입자, η(에타) 중간자

렙톤 — 핵력의 영향을 받지 않는 입자
- 전자, 뮤온, 타우 입자
- 전자 중성미자, 뮤온 중성미자, 타우 중성미자

핵력의 영향을 받는 입자를 강입자라고 하는데 그중에서도 질량이 무거운 입자를 중입자, 중입자보다 가벼운 입자를 중간자라고 해. 핵력의 영향을 받지 않는 입자를 렙톤이라고 하고.

4 쿼크의 등장

핵자(양성자와 중성자), 전자, 파이 중간자, 중성미자 등의 물질입자와 광자를 발견한 초기에는 모두 '기본' 입자라고 생각했다. 그러다가 1960년대 초에 많은 종류의 물질입자를 발견했는데 특히 다양한 종류의 강입자를 찾으면서 그때까지 발견한 모든 입자를 '기본' 입자라고 생각하기 어려워졌다.

미국의 물리학자인 머리 겔만은 처음으로 강입자를 구성하는 기본입자로 쿼크quark를 제창했다. 강입자 중에서 양성자나 중성자와 같은 중입자는 쿼크 3개(혹은 반쿼크 3개)로 이루어졌으며, 중간자는 쿼크 1개와 반쿼크 1개로 이루어져 있다고 설명했다. 그러자 많지 않은 쿼크의 종류로 모든 강입자를 설명할 수 있게 되었다.

쿼크 개념을 도입한 이후로 지금까지 물질을 구성하는 기본입자는 쿼크 6종류와 렙톤 6종류라고 여겨지고 있다. 1973년 일본의 고바야시 마코토와 마스카와 도시히데가 처음으로 고바야시-마스카와 이론을 통해 기본입자를 6종류라고 주장했다. 이들이 이론을 발표한 당시에는 위up, 아래down, 기묘strange 3종류의 쿼크만 발견되었는데 1995년까지 맵시charm, 바닥bottom, 꼭대기top 쿼크의 존재가 실험으로 확인되었다. 이 공로로 고바야시 마코토와 마스카와 도시히데는 2008년 노벨 물리학상을 받았다.

쿼크라는 희한한 이름은 머리 겔만이 아일랜드의 소설가이자 극작가인 제임스 조이스의 소설 『피네간의 경야』에 등장하는 기묘한 새의 울음소리에서 따왔다고 한다. 기묘한 입자에 붙여진 기묘한 이름이다.

5 자연계를 지배하는 4가지 힘

자연계에 존재하는 물질은 원자나 분자로 이루어져 있고, 원자나 분자는 쿼크와 렙톤을 기본입자로 하는 물질입자로 구성되어 있다. 물질이 형태를 갖추려면 이 기본입자들 사이에 힘force 혹은 상호작용interaction이 작용해야 한다. 이러한 힘(상호작용)은 기본입자 사이의 빈 공간에 퍼져 있는 다른 기본입자들과도 상호작용을 하는 성질이 있어서 종종 힘의 장field이라고도 불린다.

자연계에 존재하는 힘의 장을 구체적으로 살펴보면, 우선 원자핵과 전자 혹은 원자와 원자 사이를 결합하는 전자기력electromagnetic force이 있다. 원자핵이 쪼개지지 않도록 핵자들을 강하게 묶는 강력strong force 혹은 강한 상호작용, 중성자의 베타 붕괴를 일으키는 약력weak force 혹은 약한 상호작용이 있다. 마지막으로 질량을 가진 물질·에너지 사이에 작용하면서 우주처럼 거시적인 구조를 지배하는 중력gravity이 있다.

물질입자는 이러한 힘의 영향을 받으며 상호작용을 하면서 미시 세계의 형태를 만들기도 하고 미시 세계에 변화를 주기도 한다.

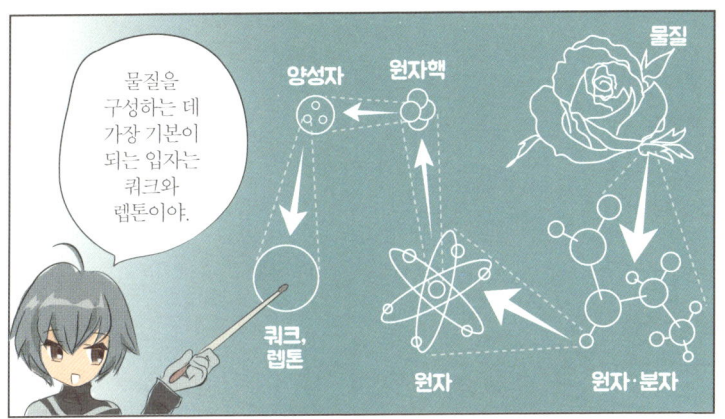

6. 힘의 통일이론

물질입자가 발견되고 정리되는 작업과 더불어 역장 force field(힘마당)에 관한 정리 작업도 진행되었다.

원래 과학자들은 기본입자를 질량과 전하를 가진 점입자로 생각했다. 하지만 점입자는 중심으로 다가갈수록 여러 가지 물리량이 무한대로 나오는 단점이 있었다. 그렇다면 처음부터 무한대를 이론의 방정식에 포함시켜 계산하여, 값이 유한하게 나오도록 제한시키면 되지 않겠느냐는 아이디어가 나왔다. 일본의 물리학자인 도모나가 신이치로는 이러한 방법, 재규격화 renormalization를 개발하여 방정식의 해가 발산하는 난처한 경우를 없애고(1947년), 1950년에는 양자론과 전자기적인 쿨롱 힘을 조합한 양자전기역학, 일명 'QED quantum electrodynamics'를 완성했다. 함께 QED를 완성한 업적으로 도모나가 신이치로, 리처드 파인만, 줄리언 슈윙거가 1965년 노벨 물리학상을 받았다.

또 1960년대에는 미국의 셸던 글래쇼, 스티븐 와인버그와 파키스탄의 압두스 살람이 전자기력과 약력을 통일하여 '전자기·약 작용 이론 electroweak theory' 혹은 줄여서 전약이론을 완성했다. 또 1970년대에는 머리 겔만과 몇 명의 연구자가 강력을 기술한 일명 'QCD quantum chromodynamics'라고 불리는 양자색역학을 완성했다. 전약이론과 양자색역학을 통일시킨 이론을 'GUT grand unified theory' 즉 대통일이론 혹은 표준이론이라고 부른다. 아직 양자역학과 융합되지 못하고 남아 있는 힘은 중력장뿐이다. 양자중력이론 혹은 'TOE theory of everything'라고 하는 '만물의 이론'이 앞으로 남아있는 과제이다.

역장이 하나씩 합쳐지면서 현재의 대통일이론이 완성되었어.

도모나가 신이치로
파인만
슈뢰딩거
글래쇼
와인버그
살람

전자기 상호작용
약한 상호작용 → 전약이론
강한 상호작용 → 양자색역학 → 대통일이론 or 표준이론 ⋯ 초끈이론
중력

지금 여기까지 완성했지.

중력까지 통일할 수 있다면 노벨 물리학상은 확정이네.

중력은 아직 다른 이론들과 융합되지 못했어.

7 역장도 입자가 전달한다

힘(상호작용)은 장field으로써 주위 공간에 퍼져 있으며, 일종의 파동과 같은 성질을 가진다고 생각하면 좋을 것 같다. 미시 세계에서 파동은 입자로써의 성질도 갖고 있다. 이 말을 종합하면 역장도 파동의 성질이 있으므로 역장을 나타내는 입자가 존재한다고 해석할 수 있다. 역장마다 대응하는 매개입자가 존재하고, 이 매개입자를 교환함으로써 역장이 생긴다고 생각하고 있다. 이처럼 장을 양자화한 이론을 양자장론quantum field theory이라고 한다.

구체적으로 말하면 전자기력은 광자로 인해 생긴다. 하전입자 사이에는 광자photon(포톤)를 교환함으로써 전자기력을 전달한다. 광자는 질량이 없는데, 무한대로 전자기력이 전달되는 것과 관련이 있다.

베타 붕괴를 일으키는 약한 상호작용은 위크 보손weak boson이라고 불리는 기본입자에 의해 전달된다. 한편 핵력이 만들어지는 근본인 강한 상호작용을 전달하는 기본입자는 글루온gluon이다. 마지막으로 중력을 전달하는, 질량이 없는 입자는 중력자graviton(그래비톤)이다.

이처럼 현대 입자물리학에서는 물질입자(물질장)도, 역장(매개입자)도 모두 같은 틀 내에서 다루어지게 되었다.

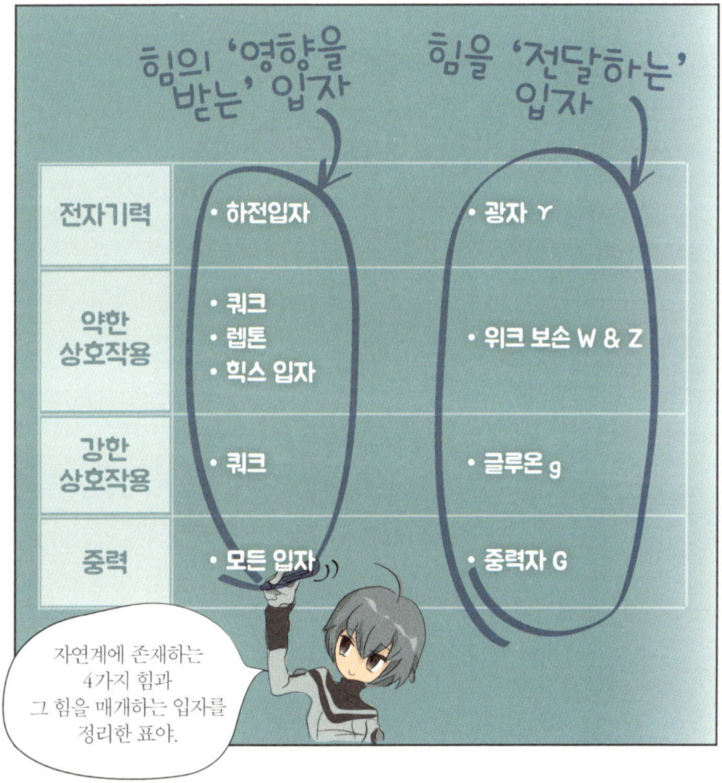

8. 힘을 전달하는 입자는 보손, 물질을 구성하는 입자는 페르미온

물질입자와 매개입자의 성질을 이해하면 이들 사이에 멋진 대칭성도 발견할 수 있다. 물질입자와 매개입자 사이에는 한 가지 큰 차이점이 있다. 바로 파울리의 배타 원리를 따르느냐, 그렇지 않느냐는 것이다.

파울리의 배타 원리는 2개 이상의 입자가 완전히 같은 양자 상태를 가질 수 없다는 가설이다. 그리고 파울리의 배타 원리를 따르는 입자를 페르미온(페르미 입자), 파울리의 배타 원리를 따르지 않아서 같은 양자 상태에 얼마든지 들어가는 입자를 보손(보스 입자)이라고 한다.

양성자, 중성자, 전자, 쿼크 등 물질입자는 모두 페르미온이고, 광자처럼 힘을 전달하는 게이지 입자는 모두 보손이다.

입자의 스핀(내부양자수)으로 살펴보면 플랑크 상수를 단위로 해서 페르미온은 $1/2$처럼 반정수의 스핀을 갖지만 보손의 스핀은 0이나 1처럼 정수이다.

흥미롭게도 렙톤이나 쿼크는 스핀이 $1/2$이고, 쿼크 3개로 이루어진 핵자의 스핀도 $1/2$이지만, 쿼크 2개로 이루어진 중간자의 스핀은 제로이다. 그 결과 중간자는 핵력장으로 작용한다.

또한 광자, 위크 보손, 글루온의 스핀은 1인데 중력자만 스핀이 2로, 매개입자 중에서도 중력자만 유형이 조금 다르다. 이러한 차이는 중력만이 다른 힘과 통일되지 않는 이유와 관련 있는지도 모른다.

렙톤

	기호	전하e	스핀	질량 MeV
전자	e⁻	−1	1/2	0.5
뮤온	μ^-	−1	1/2	106
타우 입자	τ^-	−1	1/2	1777
전자 중성미자	ν^e	0	1/2	?
뮤온 중성미자	ν^μ	0	1/2	?
타우 중성미자	ν^τ	0	1/2	?

쿼크

	기호	전하e	스핀	질량 MeV
위(up)	u	2/3	1/2	5
맵시(charm)	c	2/3	1/2	1000?
꼭대기(top)	t	2/3	1/2	200000?
아래(down)	d	−1/3	1/2	8?
기묘(strange)	s	−1/3	1/2	100?
바닥(bottom)	b	−1/3	1/2	4000?

중간자(메손)

	기호	전하e	스핀	질량 MeV
파이 중간자 (ud)	$\pi\pm$	±1	0	140
	$\pi 0$	0	0	135

중입자(바리온)

	기호	전하e	스핀	질량 MeV
양성자(uud)	p	1	1/2	938
중성자(udd)	n	0	1/2	940

매개입자(게이지 입자)

	기호	전하e	스핀	질량 MeV
광자	γ	0	1	0
위크 보손	$W^\pm$	±1	1	80000?
	Z^0	0	1	91000?
글루온	g	0	1	0?
중력자	G	0	2	0

9 초대칭 입자

기본입자나 힘을 통일하는 일은 더 많은 대칭성을 찾는 일이다.

갖가지 물질입자는 페르미온이고 힘을 매개하는 게이지 입자는 모두 보손이다. 페르미온과 보손이 짝을 이뤄 변환하는 대칭성을 초대칭supersymmetry이라고 하며, 초대칭성을 도입한 이론을 초대칭이론이라고 한다. 초대칭이론에 따르면 물질입자인 페르미온에는 초보손, 매개입자인 보손에는 초페르미온처럼 각 입자에 대응하는 짝 입자인 초대칭 입자SUSY, supersymmetry particle가 존재한다.

예를 들어 페르미온인 쿼크에는 초쿼크squark(스쿼크)라고 불리는 초보손이 존재하며, 전자에는 초전자selectron(셀렉트론), 중성미자에는 초중성미자sneutrino(스뉴트리노)가 존재한다고 생각하다(초보손에는 어두에 's'를 붙인다).

또 힘의 게이지 입자(보손)인 광자(포톤)에 대해서는 포티노photino라고 불리는 초페르미온이, 위크 보손에는 위노wino가, 글루온에는 글루위노gluino가, 중력자(그래비톤)에는 그래비티노gravitino가 존재한다고 생각한다(초페르미온은 어미에 'ino'를 붙인다).

이렇듯 초대칭 입자는 초대칭super-symmetry의 앞머리 두 글자씩을 따서 'SUSY(수지)' 입자라고 한다. 입자의 종류가 초대칭성으로 인해 갑자기 두 배가 되었지만 그 대신 물질입자도, 매개입자도 다양한 입자에 포함되었다.

대칭성이란 벽을 사이에 두고 같은 위치에 입자가 존재하는 이미지

물질입자·매개입자와 초대칭 짝

물질입자·매개입자	초대칭 입자
물질입자(따옴표 표시)	
페르미온	초보손
스핀 1/2	스핀 0
'쿼크'	'초쿼크(스쿼크)'
업(up)	스업(sup)
다운(down)	스다운(sdown)
참(charm)	스참(scharm)
스트레인지(strange)	스스트레인지(sstrange)
톱(top)	스톱(stop)
바텀(bottom)	스바텀(sbottom)
'렙톤'	'초렙톤(스렙톤)'
'전자'	'초전자'
전자	셀렉트론
뮤온	스뮤온
타우	스타우
'중성미자'	'초중성미자'
전자 중성미자	셀렉트론 중성미자
뮤온 중성미자	스뮤온 중성미자
타우 중성미자	스타우 중성미자
게이지 입자(매개입자)	
보손	초페르미온
스핀 1	스핀 1/2
포톤	포티노
W 보손	위노
Z 보손	지노
글루온	글루위노
스핀 2	스핀 3/2
그래비톤	그래비티노

※6종류의 쿼크에 대응하는 초대칭 입자를 초쿼크(스쿼크)로 총칭한다. 또한 전자, 뮤온, 타우 입자, 3종류의 중성미자에 대응하는 초대칭 입자를 초렙톤(스렙톤)으로 총칭한다. '포티노'나 '지노'는 '뉴트랄리노'로 총칭한다.

10 점입자에서 끈입자로

지금까지 발견된 기본입자의 그림을 전체적으로 통일시키는 것 이외에도 한 가지 중요한 과제가 남아 있다. 그것은 바로 발산에 관한 문제이다. 전자나 쿼크 등의 기본입자는 보통 크기가 없는 '점'으로 취급한다. 하지만 점으로 기본입자의 상호작용을 다루면, 입자 중심에 가까워질수록 전자기력이나 자기 상호작용 self interaction이 무한대로 발산하는 문제가 발생한다.

그래서 '점'이 아니며 유한한 크기를 가진 '끈(닫힌 끈)'을 착안하게 되었다. 물론 유한한 크기이지만 아주 작아서 거의 점과 비슷하지 않다면 지금까지 기술해 온 물리와 모순이 생긴다.

구체적으로는 플랑크 길이 Planck length(10^{-33}cm) 정도의 아주 작은 '끈'이라고 생각한다(양성자 크기는 약 10^{-13}cm). 아주 작기는 하지만 크기가 유한한 '끈'을 적용해 보니, 중력장의 문제나 양자장의 문제 모두 해결되면서 이 둘을 융합시킬 수 있을지도 모른다는 기대를 갖게 되었다.

유한한 크기를 부여하자 종래의 점입자로 생각했을 때 최대 문제점이던 무한대로의 발산을 피할 수 있게 되었다. 또한 점이 아니라 크기를 갖게 되면서 '끈'의 진동상태라는 개념도 생각하게 되었다. '끈'의 진동상태를 각각의 기본입자에 대응시키면 기막히게 기본입자의 종류를 설명할 수 있다.

이처럼 기본입자가 '점'이 아니라 유한한 크기를 가진 '끈'이며, 유한한 크기를 가진 덕분에 상호작용의 발산을 피할 수 있게 되었다는 발상을 일반적으로 '끈이론 string theory'이라고 부른다. 그리고 이러한 입자를 '끈입자'라고 한다.

11 초끈이론

점이 아닌 끈 상태의 기본입자로 초대칭성을 가진 기본입자를 특별히 초끈superstring이라고 부르며, 초대칭성을 가진 끈이론을 초끈이론superstring theory이라고 한다.

예를 들어 10차원 초끈이론에는 I형, IIA형, IIB형 그리고 2가지의 이형 끈이론까지 총 5가지의 유형이 알려졌다. 그러나 이 초끈이론에는 중력자로 매개되는 중력은 포함되어 있지 않다.

초대칭성의 사고방식으로는 중력을 매개하는 중력자(그래비톤)에 대해서 그래비티노라는 초대칭 짝 입자가 존재해야 한다. 실제로 1980년대에는 중력에 초대칭성을 적용한 초중력이론이 많이 연구되었다. 하지만 이들 초중력이론에는 유한한 크기를 갖는 끈 개념이 들어 있지 않았다.

그 후 1995년이 되어 또 한 명의 천재, 에드워드 위튼이 이 모든 이론을 11차원의 시공간 상에서 통일할 수 있다고 밝혔다. 다시 말해서 에드워드 위튼은 10차원 초끈이론과 11차원 초중력이론이 자신이 만든 11차원 M이론의 극한이 된다는 사실을 증명했다. 그리고 5가지 타입의 초끈이론과 11차원 초중력이론이 서로 특정 변환으로 되어 있다는 사실을 밝혔다.

초끈이론 분야는 아직 해결되지 못한 부분이 많지만, 기본입자의 통일장이론으로 전망이 밝아 현재도 통합을 위해서 연구가 활발히 진행 중이다.

제9장

시공간과 세상의 이치
양자론의 미래

예전에는 물질입자와 (물질입자끼리 작용하는) 힘이 세상의 구조를 결정하고, 텅 빈 공간은 입자와 힘이 영향을 주고받는 무대일 뿐이라고만 여겼다. 또한 꾸준히 흘러가는 시간도 변화를 잘게 나눈 눈금에 지나지 않는다고 생각했다. 하지만 양자론 이후에 시공간을 바라보는 시각이 완전히 달라졌다. 양자론의 관점에서 진공은 텅 비어 있는 공간이 아니다. 공간도, 시간도 연속적이지 않고 띄엄띄엄할지 모른다.

1 양자 진공

고대 그리스 시대에는 우리가 사는 세계가 무수히 많은 원자와 원자가 운동하고 있는 진공으로 이루어졌다고 생각했다. 그러다 근대가 되어서야 원자와 진공의 정체가 실험으로 밝혀졌다. 하지만 양자론의 출현으로 원자를 설명하는 그림이 새로 그려지면서 진공에 대한 개념도 완전히 바뀌게 되었다. 하이젠베르크의 불확정성 원리에 의하면 아주 짧은 시간 동안 에너지가 요동치기도 하고 심지어 전자처럼 기본입자가 존재할 수도 있다.

양자론에서 설명하는 양자 진공quantum vacuum이란 아무것도 없는 텅 빈 상태가 아니라 양자적으로 끊임없이 요동치고 있는 진공을 말한다. 물리적으로 양자 진공에서는 전자와 양전자, 양성자와 반양성자처럼 입자와 반입자가 쌍생성, 쌍소멸을 끊임없이 반복한다. 하이젠베르크의 불확정성 원리 덕분에 입자쌍의 에너지에 반비례하는 아주 짧은 시간 동안에는 에너지 보존 법칙이 깨져도 상관없다. 허용된 이 시간 동안은 입자쌍이 일순간 존재하더라도 순식간에 사라지기만 한다면 물리의 신도 눈감아 주기 때문이다.

이처럼 순간에만 존재하고 인간은 관측할 수 없는 입자를 가상입자virtual particle라고 부른다. 텅 비어 있는 '고전적인 진공'과 가상의 입자쌍이 생성과 소멸을 반복하는 '양자적인 진공'은 완전히 다르다. 가상입자는 관측할 수 없지만 순간적으로 에너지가 가장 낮은 상태, 바닥상태의 에너지(영점에너지라고도 한다)를 갖기 때문에 진공 전체적으로는 가상입자의 에너지가 존재하게 된다. 이 양자 진공의 에너지를 진공에너지vacuum energy라고 한다.

2 카시미르 효과

양자 진공의 존재는 이론으로 그치는 것이 아니라 실제 실험을 통해 확인되었다.

양자 진공은 영점에너지를 가진 무수히 많은 광자나 가상입자의 진동으로 가득 차 있다. 이러한 진공에 평평한 2개의 금속판을 가까이 두어 보자. 금속판이 경계 역할을 하므로 금속판 주변에 존재할 수 있는 진공은 제한된다. 그 결과 두 금속판 사이(안쪽)의 진공은 두 금속판 바깥쪽의 진공보다 에너지가 낮은 상태가 된다. 그러면 바깥쪽의 진공이 안쪽으로 금속판을 민다. 마치 금속판 사이에 인력이 작용한 듯 보이는 것이다.

1948년에 이와 같은 현상을 최초로 발견한 네덜란드의 물리학자 헨드릭 카시미르의 이름을 따서 카시미르 효과Casimir effect라고 부른다.

카시미르 효과는 양자적 현상이라 두 금속판 사이가 멀어지면 효과가 거의 사라지지만 거리가 원자 크기 정도라면 이 효과를 무시할 수 없다. 예를 들어 원자 크기의 약 100배인 10nm 정도 떨어진 거리에서 카시미르 효과에 의한 힘은 1기압 정도이다.

두 금속판 사이의 거리를 나노 크기만큼 가깝게 제어하기가 쉽지 않기 때문에 카시미르 효과가 실제로 증명되기까지는 시간이 걸렸다. 1997년이 되어서야 미국의 로스앨러모스 국립연구소에서 실험적으로 카시미르 효과의 존재를 입증하였다. 이 실험을 통해 양자 진공이 실제로 존재한다는 사실을 확신할 수 있게 되었다.

3 진공의 상전이

고전물리학에서는 물질입자와 물질입자 사이에 작용하는 힘은 별개이며, 물질입자가 운동하는 무대인 진공도 별개라고 생각했다. 그러나 양자론이 발전하면서 입자와 힘을 같은 지위로 다루게 되었고, 더 나아가 입자와 힘은 물론 진공도 서로 밀접하게 어우러져 있어서 따로 생각할 수 없게 되었다.

거대입자가속기는 거의 광속으로 가속된 입자를 충돌시켜 갖가지 반응을 일으키는 장치이다. 그리고 과학자들은 이를 통해 기본입자의 구조나 성질을 연구한다. 고온·고밀도였던 초기의 우주에는 입자들이 서로 격렬하게 충돌했으리라 예상된다. 거대입자가속기는 초기의 우주 상황을 지상에 재현하는 장치라고 보아도 무방할 것이다. 입자의 속도를 높이면 높일수록 충돌할 때 에너지가 커지므로 좀처럼 보기 힘든 격렬한 반응이 일어난다. 가속기 실험은 초기의 우주로 거슬러 올라가는 것과 마찬가지다. 시간을 거슬러, 우주의 온도가 매우 높고 엄청나게 큰 에너지를 가진 상태였을 때 과연 어떤 일이 벌어졌을까?

온도가 올라가면 양성자나 중성자는 쿼크로 분해되고 전자도 중성미자와 구별할 수 없게 된다. 게다가 쿼크와 렙톤도 같아지고 입자와 힘도 차례로 통일된다.

그와 동시에 물질을 담는 역할을 했던 공간 자체도 변한다. 진공에는 몇 개의 상phase이 있다. 현재의 진공은 차갑게 식은 저온 상태이지만 우주의 온도가 상승하면 고온의 진공으로 변할 것으로 예상한다. 이를 진공의 상전이phase transition라고 부른다.

4 제4의 상전이 : QCD 상전이

기본입자인 쿼크는 강입자 안에 단단히 갇혀 있기 때문에 입자가속기 충돌 실험으로 강입자 내부에서 쿼크를 꺼내는 일이 쉽지 않다. 기술의 한계로 인해 입자가속기가 발생시킬 수 있는 에너지가 아직 낮기 때문이다.

초기 우주는 가속기로는 실현 불가능할 정도로 에너지가 높은 상태였다. 우주 탄생 후 1만분의 1초 무렵 우주의 온도는 1조K (100MeV, MeV는 메가전자볼트) 정도였다. 이 정도의 고온이면 강입자 안에 갇혀 있던 쿼크도 자유롭게 움직일 수 있다. 오히려 우주 전체가 마치 강입자의 내부 같은 상태였다고 말하는 편이 맞을지도 모르겠다.

시간 순서대로 생각하면 우주 탄생 후 1만분의 1초 이전까지 자유롭게 움직이던 쿼크와 글루온은 우주(진공)의 온도가 식으면서 진공의 상전이가 일어났다. 그리고 1만분의 1초 후에는 강입자 내부에 갇히며 쿼크에서 강입자(중입자 + 중간자)로 바뀌었다.

이렇게 강입자가 만들어지는 단계를 제4의 상전이라고 한다. 또 쿼크의 역학을 다루는 'QCD quantum chromodynamics(양자색역학)' 이름을 따서 QCD 상전이라고도 한다.

QCD 상전이를 거치며 우주에 존재하게 된 물질로 렙톤에서는 대량의 전자(혹은 양전자)와 3종류의 중성미자(혹은 이들의 반입자)가 있고, 중입자에서는 약간의 양성자와 중성자가 있다. 그 결과 우주에는 대량의 광자로 이루어진 비교적 단순한 플라스마만 남았다.

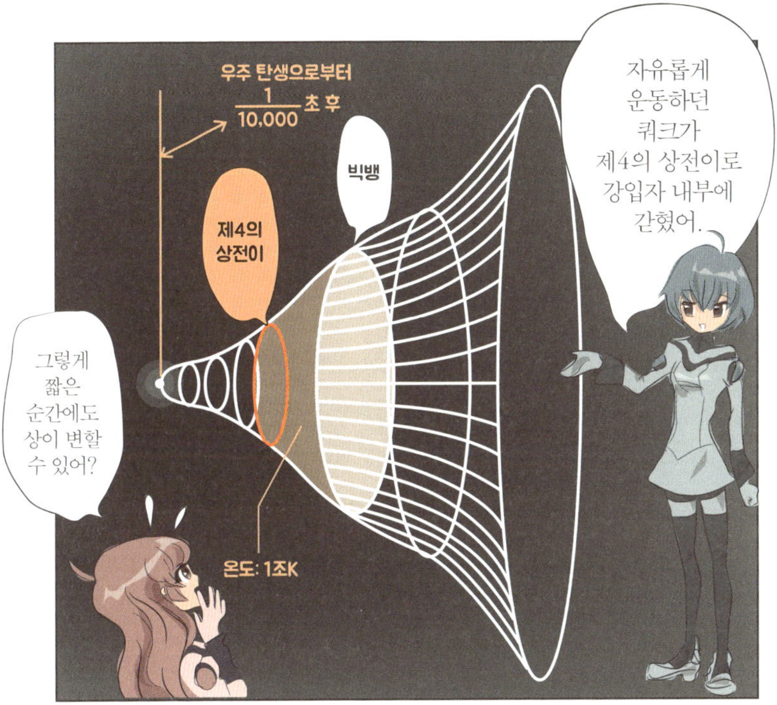

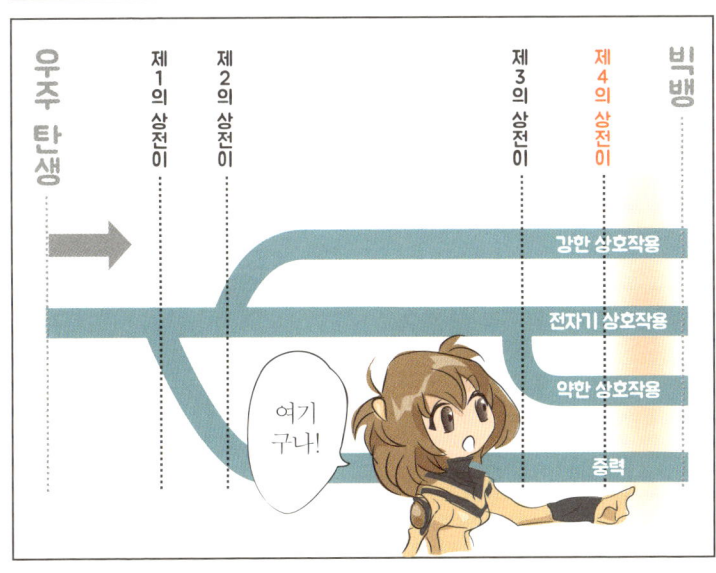

5 제3의 상전이 : 와인버그-살람 상전이

QCD 상전이가 일어났을 때보다 온도(에너지)가 더 높은 상태를 상상해 보자. 우주 탄생 후 1,000만분의 1초까지 우주의 온도는 10^{15}K(200GeV, GeV는 기가전자볼트) 정도였다. 이 정도의 온도가 되면 약력을 매개하는 위크 보손은 광자처럼 질량이 없어지면서 약력과 전자기력이 같아진다. 동시에 전자와 중성미자의 질량도 없어져 전자와 중성미자를 구별할 수 없게 된다.

시간 순서대로 생각하면 1,000만분의 1초 이전에는 렙톤(물질입자)과 광자(매개입자)가 같은 입자였으나, 우주의 온도가 내려감에 따라 진공이 상전이를 일으켰다. 위크 보손이 질량을 갖게 되고 광자와 분리되면서 전자기력과 약력이 나뉘어졌다. 이와 동시에 전자와 중성미자도 각각 다른 입자로 분리되었다.

이처럼 전자기력과 약력이 생기는 단계를 제3의 상전이라고 한다. 전자기력과 약력을 통일한 와인버그와 살람의 이론에서 이름을 따서 와인버그-살람 상전이라고 부르기도 한다.

우주에 제3의 상전이가 일어나면서 우리가 현재 알고 있는 자연계의 4가지 힘(중력, 강력, 약력, 전자기력)이 모두 갖춰지게 되었다. 또 이 시기에 우주를 구성하는 대부분의 입자는 질량이 100GeV 이하인 기본입자(렙톤, 쿼크, 글루온, 광자)였다. 제3의 상전이가 일어난 이후 진공은 현재 우리가 알고 있는 '참진공true vacuum'이 되었다.

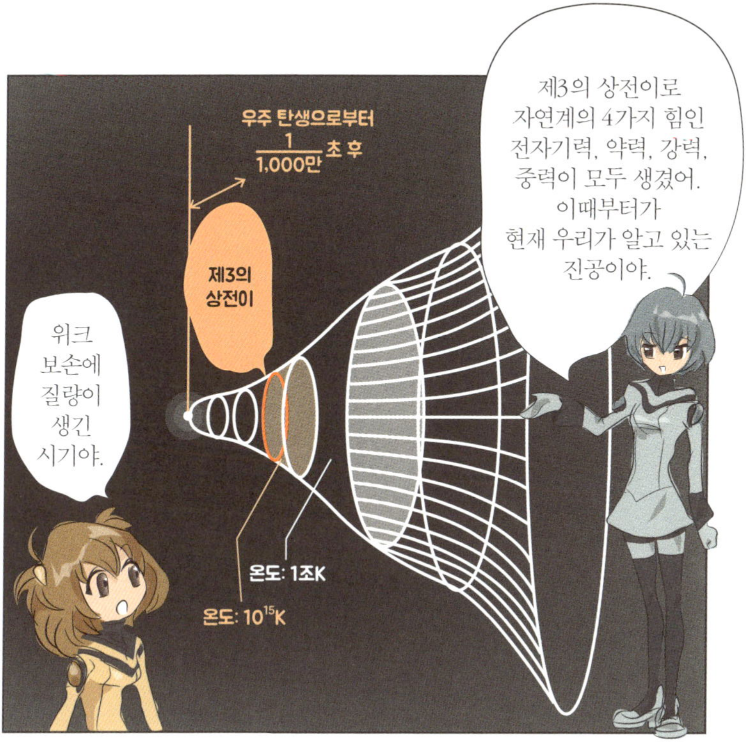

6 제2의 상전이 : 대통일이론 상전이

제3의 상전이가 일어난 온도보다 더 높은 온도(에너지)를 상상해 보자. 우주 탄생 후 10^{-36}초가 흘렀을 무렵, 우주의 온도는 10^{28}K (10^{15}GeV) 정도였다. 이 정도로 온도가 높으면 강력을 매개하는 글루온의 질량이 없어져 광자와 구별할 수 없게 된다. 다시 말해서 강력과 전약력이 같아진다. 이와 동시에 쿼크의 질량도 없어져서 렙톤과 쿼크도 구별할 수 없다.

시간의 순서대로 생각해 보면 10^{-36}초 이전에는 기본입자(쿼크+렙톤)와 매개입자(글루온+광자)가 같은 입자였다가 우주 온도가 내려가면서 진공이 상전이를 하게 된다. 글루온이 질량을 가지면서 광자와 분리되었고 이에 따라 강력과 전약력이 나뉘어졌다. 동시에 글루온과 렙톤도 서로 다른 입자가 되었다.

이처럼 강력과 전약력이 생기는 단계를 제2의 상전이라고 한다. 강력과 전약력을 통일한 대통일이론에 따라 대통일이론 상전이라고 부르기도 한다.

제2의 상전이 이후에도 전자기력과 약력은 여전히 같은 힘이었다. 전자의 질량은 아직 제로(0)이며 전자와 중성미자도 구별할 수 없다. 제2의 상전이 후 진공은 현재의 참진공과 달라서 '전약상호작용 진공'이라고 부른다.

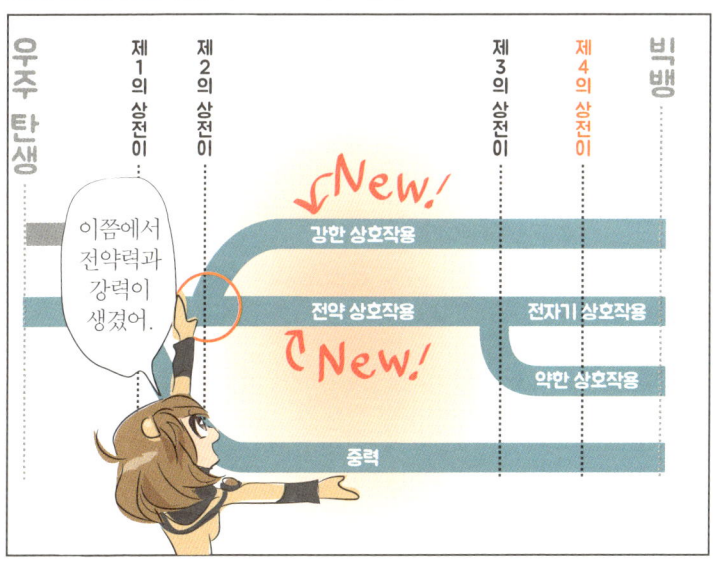

7　제1의 상전이 : TOE 상전이

제2의 상전이보다 온도가 훨씬 더 높아져 우주 탄생 이후 플랑크 시간(10^{-44}초) 정도가 흐른 시점의 우주의 온도는 10^{32}K(10^{19}GeV) 정도였다. 이 정도의 에너지 상태가 되면 중력을 매개하는 중력자는 광자와 동일해진다. 전자기력, 약력, 강력이 통일된 힘에 만물을 지배하는 중력까지 모두 통일된다. 모든 힘의 매개입자가 같아져서 입자를 구별할 수 없게 된다.

시간의 순서대로 생각해 보자. 우주 탄생 후 10^{-44}초가 채 되지 않은 시점은 모든 것이 혼돈된 상태였다. 그리고 점차 우주의 온도가 내려가면서 진공이 상전이를 하게 되고 중력자가 광자와 분리되면서 중력과 다른 힘이 분리되었다.

이렇게 중력이 생겨난 단계를 제1의 상전이라고 부른다.

제1의 상전이 이후 가장 먼저 중력이 분리되었지만 다른 세 힘은 여전히 하나의 힘으로 남아 있다. 쿼크도 핵자에 갇히지 않은 채 자유롭게 운동했고 전자, 중성미자, 쿼크는 구별이 되지 않았다. 제1의 상전이 이후의 진공을 대통일이론의 진공이라고 부른다. 이 명칭은 중력 이외의 3가지 힘을 통일하는 대통일이론GUT이라고 부르는 데서 유래한다.

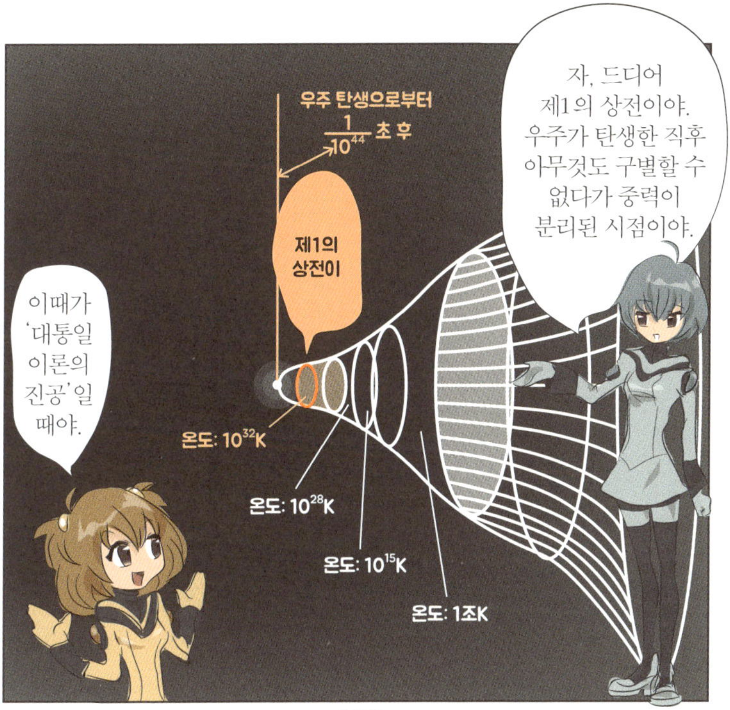

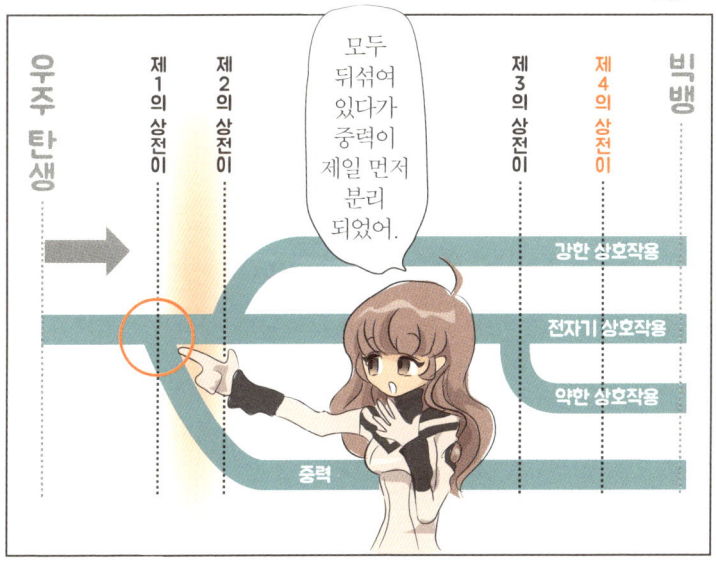

8 질량의 의미

우주와 시공간이 탄생했을 때 모든 입자의 질량은 제로0이었다. 물질입자도, 매개입자도 모두 광자와 같았다. 우주가 팽창하고 온도가 내려가면서 시공간과 물질입자 그리고 매개입자가 나뉘어졌다. 물질입자가 질량을 갖게 되면서 운동 속도는 광속보다 느려졌고, 물질 세계에 시간이 흐르게 되었다. 그렇다면 대체 중력이란 무엇일까? 혹은 물질의 질량이란 무엇일까?

아인슈타인의 유명한 식인 $E=mc^2$에 따르면 에너지 E와 질량 m은 등가이다. 따라서 질량이 생긴 기본입자는 정지질량만큼의 에너지를 갖게 된다. 여기서 '등가'란 성질이 같다는 의미가 아니다. 광자(에너지)와 다른 기본입자는 현실에서 전혀 다르게 행동한다. 즉 질량이 없는 광자는 광속으로 달리며, 광자가 매개하는 전자기력은 무한대까지 도달한다. 질량이 없는 중력자도 같은 성질을 가진다.

한편 질량이 있는 기본입자는 광속보다 느리고, 힘의 도달 범위도 유한하다. 예를 들어 전자의 질량은 양성자 질량의 약 1,800분의 1이며, 에너지로 환산하면 약 0.5MeV가 되는데, 이 질량이 원자의 크기를 결정한다. 또 약한 상호작용을 매개하는 위크 보손의 질량은 약 80GeV로 양성자의 80배가 넘는 질량(에너지)을 갖고 있어서 힘이 작용하는 범위가 10^{-15}cm정도로 매우 짧다. 또 강한 상호작용을 매개하는 글루온은 10^{-13}cm정도까지만 도달하는데, 이것이 원자핵의 크기를 결정한다.

지금까지의 내용을 살펴보면 기본입자의 질량(에너지)이 시공간의 구조와 밀접하게 관련되었다는 사실을 알 수 있다.

9 힉스 입자와 힉스장

질량은 시공간(진공)과 밀접하게 관련되어 있기 때문에, 진공 자체가 질량을 만드는 원인일지 모른다는 발상이 자연스럽게 나오기 시작했다. 오늘날에는 진공에 힉스장Higgs field이라고 부르는 역장이 퍼져 있고, 기본입자가 힉스장과 상호작용을 함으로써 질량(에너지)이 생긴다고 여긴다. 힉스장과의 상호작용이 커질수록 질량은 커지는 것이다. 진공을 가득 메우는 힉스장이 관성을 부여한다고 생각하면 된다.

힉스장의 힘을 매개하는 입자는 다른 힘을 매개하는 입자와 마찬가지로 보손이며, 힉스 입자 혹은 힉스 보손Higgs boson이라고 한다. 1964년 영국의 물리학자 피터 힉스는 질량이 생기는 원인으로 힉스 입자를 제안했는데, 불과 얼마 전까지 기본입자의 표준 모델에서 힉스 보손만이 발견되지 못한 채 남아 있었다. 힉스 보손의 질량은 130Gev 정도로 예상되었다.

스위스 제네바의 유럽원자핵공동연구소CERN가 보유한 거대강입자충돌기LHC가 2008년 9월, 힉스 보손 검출을 목표로 가동되기 시작했다. 만일 힉스 보손이 발견되면 질량의 본질을 훨씬 더 깊이 이해할 수 있을 것이라고 기대를 모았다.

오랜 실험 끝에 2012년 7월 LHC에서 힉스 입자의 존재를 발견하였고, 많은 증거 자료를 토대로 2013년 10월에 힉스 입자의 존재가 확정되었다. 힉스 입자의 발견으로 새로운 시대가 펼쳐지게 될 것이다.(*역주─힉스 입자의 존재를 예견한 공로로 피터 힉스는 벨기에의 프랑수아 앙글레르와 함께 2013년 노벨 물리학상을 받았다.)

앞쪽에서 한 이야기를 이어서 할게. 질량을 갖는 입자는 왜 광속보다 느리게?
광속
계속 앞으로
광자
무한
광속보다 느리다
정지
질량이 있는 기본입자
유한
음~ 무언가의 저항을 받나?
에이~
ㅋㅋㅋ
진공 상태에 무슨 저항? 공기저항도 없는데? 농담도 지나치네.

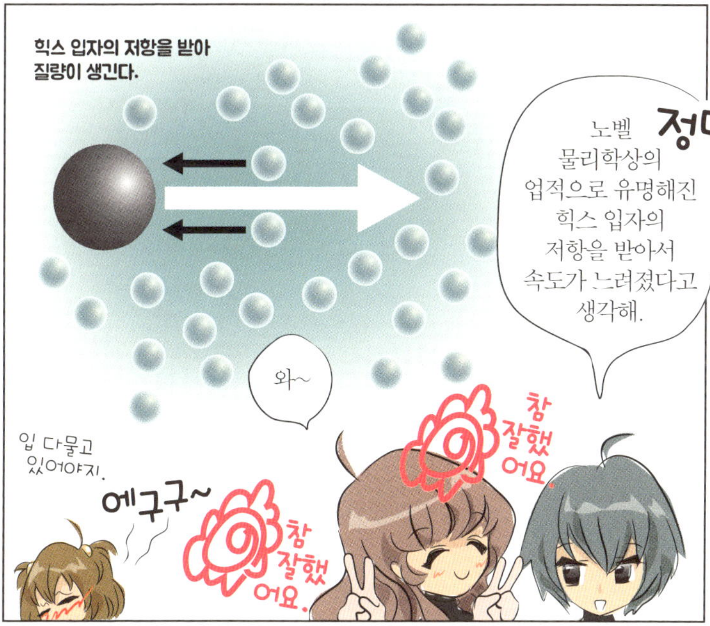

힉스 입자의 저항을 받아 질량이 생긴다.
정답!
노벨 물리학상의 업적으로 유명해진 힉스 입자의 저항을 받아서 속도가 느려졌다고 생각해.
와~
입 다물고 있어야지.
에구구~
참 잘했어요.
참 잘했어요.

10 시공간의 최소 단위 : 플랑크 스케일

엄청나게 에너지가 높은 극한에서는 물질입자와 매개입자 그리고 시공간이 하나로 아우러진다고 생각한다. 왜 입자가 움직이는 무대인 시공간·진공은 미시 세계와 달리 불연속적이지 않을까?

이 문제에는 틀림없이 미시 세계를 기술하는 양자론과 시공간을 기술하는 상대성이론이 모두 관계할 것이다. 그렇다면 양자론의 기본 상수인 플랑크 상수 h와 상대성이론의 기본 상수인 광속 c, 또 만유인력 상수 G가 밀접하게 연관되어 있으리라 예상할 수 있다.

이 3가지 상수 사이에는 다음 식이 유일하게 거리 차원을 가진다.

$$\sqrt{\frac{hG}{c^3}} = 10^{-33} \text{cm}$$

이것을 플랑크 길이Planck length라고 한다. 플랑크 길이처럼 지극히 짧은 거리에서는 시공간의 양자적인 진동을 무시할 수 없다. 달리 말하면 시공간이 더는 나눌 수 없는 최소 단위를 가진다는 의미이다. 플랑크 길이 이하의 공간을 논의하는 것은 의미가 없다.

또한 다음 식이 유일하게 시간 차원을 가진다.

$$\sqrt{\frac{Gh}{c^5}} = 10^{-44} \text{초}$$

이것을 플랑크 시간Planck time이라고 한다. 이 관계식 외에는 시간 차원을 갖는 물리량을 만들 수 없으므로 이 플랑크 시간만이 시공간의 진동이 문제가 되는 시간 크기이다. 다르게 설명하면 시간은 연속적이 아니라 띄엄띄엄하게 존재하는 물리량이라는 의미이다.

이처럼 양자론을 끝까지 파고들면 시공간도 양자적인 물리량임을 알 수 있다.

플랑크 길이
사람
적혈구
원자
원자핵
10^{0}m
10^{-3}m
10^{-6}m
10^{-9}m
10^{-12}m
10^{-15}m
10^{-18}m
10^{-24}m
10^{-27}m
10^{-30}m
10^{-33}m
10^{-36}m
이 플랑크 길이는 무슨 단위야?
엄청나게 작다.
시공간의 최소 단위야. 이보다 더 작은 공간은 길이 차원의 의미를 갖지 않아.
10^{-33}cm

양자론을 끝까지 파고들면 입자와 마찬가지로 시공간도 띄엄띄엄하다는 결론에 도달하게 돼.
시공도, 입자도 근본은 같은 거네.
맞아!

제10장

달은 그곳에 있을까?
양자론의 패러독스

미시 세계를 총괄하는 양자론의 해석을 둘러싸고 다양한 의견과 의문이 쏟아졌다. 이중 슬릿 실험에서 빛은 어느 쪽의 슬릿을 통과했을까? 가능한 상태가 겹쳐 있다는 말은 무슨 의미일까? 슈뢰딩거의 고양이는 결국 살아 있다는 말인가, 죽었다는 말인가? 사람이 쳐다보지 않을 때도 달은 여전히 그곳에 있을까? 양자 결합이 인과율을 깨뜨리지는 않을까? 마지막으로 지금까지 설명한 것보다 더 희한한 양자론의 세계로 안내한다.

1 광자는 어느 쪽 슬릿을 통과했을까?

양자의 파동은 확률 파동이라는 양자론의 해석을 염두에 두고 토머스 영의 이중 슬릿 실험을 다시 한 번 떠올려 보자.

고전물리학은 2개의 슬릿을 통과한 '빛의 파동'이 서로 간섭을 일으키며 스크린에 간섭무늬를 만든다고 설명한다.

그런데 광자를 1개씩 쏘면서 실험을 하자 스크린의 어딘가에 한 점씩 궤적이 남았다. 이 결과만으로는 빛이 '입자'처럼 보였다. 하지만 하나하나 궤적이 쌓이자 역시 간섭무늬가 나타났다. 양자론적으로는 광자 하나가 파동이면서 입자로 여겨지는 이중성을 가지고 있기 때문에 광자는 자기 스스로 간섭을 한다고밖에 생각할 수 없다.

광원에서 출발한 광자는 모든 방향으로 확률 파동을 전달한다는 것이 현재의 표준적인 해석이다. 여기서 모든 방향이란 광원에서 슬릿을 향해 광자를 발사해도 슬릿이 없는 방향을 포함하여 모든 방향으로 확률 파동이 전달된다는 의미이다. 단지 각 방향으로 전달되는 확률이 다를 뿐이다. 슬릿 방향으로의 확률이 높고 그 반대 방향으로의 확률은 거의 제로0다.

이 같은 논리로 보면 당연히 광자의 확률 파동은 양쪽 슬릿을 모두 통과한다. 각 슬릿을 통과할 확률은 거의 비슷하지만 확률인 이상 다소 불규칙하게 분포하는데, 이렇게 고르지 않은 분포 때문에 간섭무늬가 생긴다.

2 광자는 자신이 갈 경로를 어떻게 알고 있을까?

빛의 3가지 성질에는 직진·반사·굴절이 있다. 그런데 확률 파동이라는 해석으로 이러한 빛의 성질을 어떻게 이해할 수 있을까?

예를 들어 공기 중에서 수중으로 입사한 광선은 굴절한다. 진공 상태에서 광속은 초속 약 30만km이다. 하지만 물질 안에서 빛의 속력은 느려진다(물질의 굴절률로 나눈 값이다). 공기 중의 광속은 진공에서의 광속과 거의 비슷하지만 수중에서의 광속은 훨씬 느리다. 그래서 공기와 물의 경계에서 빛이 휘어지는 편이, 공간적으로는 경로가 더 길어진 듯 보이지만 시간상으로는 최단 시간에 도달하는 길이 된다.

빛이 최단 시간의 경로를 따라 진행한다는 생각은 고전물리학의 원리로, 프랑스의 수학자인 피에르 드 페르마의 이름을 따서 페르마의 원리Fermat's principle라고 한다. 직진은 물론 반사와 굴절을 모두 포함해서 빛이 가는 길은 시간의 낭비를 최소화한 지름길이다.

하지만 확률 파동의 관점으로는 이중 슬릿의 경우와 마찬가지로 빛의 지름길이 한 가지가 아니다. 광선은 모든 가능성의 지름길에 도달한다. 겉으로 보기에는 광선이 거울 한가운데에서 반사되는 듯 보이지만 사실 거울의 가장자리나 그 외의 부분에서도 반사된다.

다만 이 수많은 지름길로 빛이 지날 확률이 낮을 뿐이다. 그래서 보통 하나의 지름길만이 눈에 띈다. 그러다가 다른 길로 지나갈 확률이 높아지는 상황에서는 회절이나 간섭 같은 현상이 나타난다.

3. 양자 상태의 중첩

파동의 성질 중 간섭을 살펴보자. 예를 들어 수면의 두 곳에 파동을 일으키면 위치에 따라 파고가 더 높아지기도 하고 낮아지기도 하면서 간섭이 일어난다. 이 말은 파동에서는 파동의 중첩superpose이라는 현상이 일어날 수 있다는 의미이다.

양자론에서의 확률 파동도 파동의 일종이므로 역시 중첩이 일어날 수 있다. 단, 복소수 공간에서의 파동함수(상태 벡터)의 중첩은 실제 공간에서의 일반적인 파동의 중첩 현상과는 조금 다르다.

실제 공간에서 보통의 파동은 실수 함수로 표현되며, 공간의 특정 지점에서 파동의 진동 상태(플러스 혹은 마이너스 위상)를 단순히 더하면 된다.

그러나 파동함수는 복소수(혹은 벡터)로 표현되는 양이라서 이들을 더할 때도 단순한 덧셈이 아닌 벡터의 합을 이용해야 한다.

다시 이중 슬릿 실험을 떠올리면 슬릿 A를 통과한 파동함수를 Ψ_A(프사이 에이), 슬릿 B를 통과한 파동함수를 Ψ_B(프사이 비)라고 했을 때 각각의 확률 진폭은 $|\Psi_A|^2$와 $|\Psi_B|^2$이며, 각각 단일 슬릿의 회절 패턴을 나타낸다. 이때 확률 진폭을 더한 $|\Psi_A|^2+|\Psi_B|^2$은 각각의 회절 패턴을 단순히 더한 것에 불과하다.

반면에 양쪽 슬릿을 통과한 파동함수는 각각의 파동함수 Ψ_A와 Ψ_B를 더한 $\Psi_A+\Psi_B$이다. 이 파동의 확률 진폭 $|\Psi_A+\Psi_B|^2$은 $|\Psi_A|^2+|\Psi_B|^2$와 달리 간섭무늬를 나타낸다.

4. 관측과 양자 상태의 수축

양자역학의 전통적인 해석인 코펜하겐 해석을 다시 한 번 살펴보자.

정상적인 양자 상태에서 원자핵 주변의 전자는 확률 파동으로써 전자구름처럼 퍼져서 분포한다(양자 상태를 수학적으로 기술한 것이 슈뢰딩거 방정식을 풀어서 얻은 에너지의 고윳값과 상태 벡터이다). 전자는 원자핵 주변의 어딘가에 존재하지만 관측하기 전까지 정확한 위치를 확정할 수 없다. 자유롭게 운동하는 전자도, 이중 슬릿을 통과하는 광자도 상황은 마찬가지다.

하지만 빛을 쏘아 전자를 관측하면 전자는 분명히 입자 1개로 관측된다. 이중 슬릿을 통과한 광자도 입자 1개가 스크린에 도달한다.

코펜하겐 해석에 따르면 인간이 전자를 관측하는 순간, 확률 파동이 하나의 점으로 수축하여(특정 위치에 전자가 존재할 확률이 1이 되어) 우리 눈에 전자로 드러난다는 것이다. 이것을 파동함수의 수축이라고 한다.

관측하기 전에는 모든 가능성이 더해진 상태지만, 관측을 하면 무한한 가능성 중 각 상태의 확률 크기에 따라 단 하나의 상태만이 선택되는 것이다.

이러한 미시 세계의 이야기를 거시 세계로 확대해석한 대표적인 예가 '슈뢰딩거의 고양이'이다.

5 슈뢰딩거의 고양이

다음과 같은 장치를 상상해 보자. 밀폐된 상자 안에 고양이 한 마리를 가두고, 방사성 물질을 활용한 장치도 함께 넣는다. 방사성 물질은 특정 확률로 자연 붕괴하며 방사선을 방출하는데, 장치가 가동되면 이 방사선에 의해 고양이는 즉사한다. 미시 세계의 법칙으로는 언제 방사성 물질이 자연 붕괴할지 확정하지 못하고, 1시간에 50%의 확률로 자연 붕괴한다는 사실만 알고 있다. 과연 1시간 후 상자 안의 고양이는 살았을까, 죽었을까? 이것이 슈뢰딩거의 고양이Schrödinger's cat 문제다.

물론 상식적으로 고양이가 살아 있을지, 죽어 있을지 어느 쪽이든 확정할 수 있다. 그러나 이러한 의견에 의문을 나타낸 사람이 슈뢰딩거였다.

문제는 고양이의 생사를 확인하는 '관측'에 있다. 상자의 뚜껑을 열지 않으면 고양이의 생사를 알 수 없다. 하지만 상자의 뚜껑을 여는 동작과 그 안을 들여다보면서 고양이의 상태를 확인하는 과정 등이 모두 양자역학적으로 '관측'에 해당한다.

전통적인 코펜하겐 해석에 따르면 뚜껑을 열기 전에는 생사가 불분명한 고양이(관측 대상)와 나(관측자)라는 다양한 가능성이 중첩된 상태라서 고양이가 살았는지 죽었는지 명확하지 않다. 그러나 뚜껑을 연 순간 파동함수가 수축하며 살았는지 죽었는지 어느 한쪽의 상태가 결정된다고 설명한다. 참으로 석연치 않은 이야기이다.

6. 위그너의 친구

슈뢰딩거 고양이의 다른 버전으로 헝가리의 물리학자 유진 위그너가 제안한 위그너의 친구Wigner's friend라는 패러독스도 있다.

이 이야기에서는 상자 안에 고양이가 아니라 위그너의 친구를 들여보낸다. 사람을 죽이는 장치를 쓸 수는 없으니, 대신 방사성 물질이 붕괴하면 전구에 불빛이 들어오는 장치로 바꾸었다.

이 장치에 넣은 방사성 물질도 1시간에 50%의 확률로 자연 붕괴한다는 사실만 알려졌다. 그리고 위그너의 친구에게 전구를 관찰하면서 전구에 불이 들어오는지 기록하도록 했다.

1시간 중 어느 시점에 전구에 불이 들어왔다고 해 보자. 1시간 후 상자 밖에 있던 위그너가 상자를 열었을 때 무슨 일이든 벌어질까 아니면 아무 일도 일어나지 않을까?

말을 못하는 고양이의 경우 상자 밖의 사람이 관측하기 전까지 고양이의 양자 상태가 중첩되어 있다가 상자를 연 순간 '파동함수의 수축'이 일어나면서 고양이의 생사가 결정된다고 해석했다.

그렇다면 기록이 가능한 사람의 경우 파동함수의 수축이 일어나는 시점은, 위그너의 친구가 전구에 불이 들어왔다고 관측했을 때일까, 아니면 위그너가 상자를 열었을 때일까? 만일 후자라면 친구가 전구에 불이 들어온 것을 관측하고 위그너가 그 사실을 알기까지 그 사이의 양자 상태는 어떻다고 할 수 있을까?

이렇게 생각하면 양자론적인 관측의 의미 자체가 불분명해진다.

7. 에버렛의 다세계 해석

양자역학에서 관측에 대한 문제는 지금까지 해결하지 못하고 있다.

뚜껑을 여는 순간 파동함수가 수축해서 불연속적으로 생사가 정해진다는 것은 어딘가 꺼림칙한 해석이다. 그러나 미시 세계가 불확정하다는 사실 자체는 확실하며, 현상이 확률적으로 정해진다는 것도 틀림없는 사실이다. 이러한 미시 세계의 법칙과 거시 세계의 상식을 동시에 만족시키기 위해서 1957년, 당시 대학원생이던 미국의 휴 에버렛은 다음과 같이 대담한 가설을 제안했다.

뚜껑을 열 때 고양이가 살아 있는 상태와 죽어 있는 상태가 모두 50%라면 뚜껑을 열어 생사를 관측하는 순간에 고양이가 살아 있는 상태와 죽어 있는 상태, 모두 실현되면 된다. 즉 고양이가 살아 있는 우주와 죽어 있는 우주, 2개의 우주로 나뉘면 되는 것이다. 혹은 고양이가 살아 있는 확률이 70%이고 죽어 있을 확률이 30%라면, 고양이가 살아 있는 우주 7개, 죽어 있는 우주 3개로 나뉘면 되지 않을까? 아니, 뚜껑을 연 순간 우주는 무한대로 나뉘어 그중 70%의 우주에서 고양이가 살아 있고, 30%의 우주에서 고양이가 죽어 있는 비율이면 된다.

일반적으로 말하면 에버렛은 관측한 순간 특정 확률을 가지고 단 하나의 상태가 선택되는 것이 아니라 오히려 관측을 통해서 가능한 모든 상태가 실현된다고 생각했다. '관측'이라는 행위를 할 때, 혹은 양자역학적인 '선택'이 이루어질 때마다 가능한 모든 우주가 관측 시점으로부터 나뉘어, 이 모두가 실제로 존재하는 우주가 된다는 것이다. 이러한 해석을 다세계 해석 many-worlds interpretation이라고 한다.

8. EPR 패러독스

관측 행위로 인해 양자 상태가 확정된다는 해석은 기묘하고 심각한 문제를 일으켰다. 그중에서 1935년 아인슈타인이 보리스 포돌스키와 네이선 로젠과 함께 제시한 아인슈타인-포돌스키-로젠 패러독스 혹은 줄여서 EPR 패러독스가 가장 유명하다.

입자 1개(예를 들어 파이 중간자)가 입자 2개(예를 들어 전자와 양전자)로 붕괴하여 멀리 날아갔다고 하자. 이때 입자 붕괴 전후로 반드시 물리학의 보존법칙이 성립해야 하므로 전자와 양전자의 스핀은 서로 반대 방향(위 방향 스핀, 아래 방향 스핀)이어야 한다.

그런데 양자론에서는 전자와 양전자로 붕괴하는 단계에서 어느 쪽이 어떤 방향의 스핀을 갖느냐가 근본적으로 결정되어 있지 않다. 전자의 스핀을 측정해서 만일 위 방향이었다면 비로소 양전자의 스핀이 아래 방향이라고 결정된다(실제로 양전자를 관측하면 아래 방향 스핀이다).

이 말이 사실이라면 (전자를 관측했을 때) 전자가 양전자에게 '전자의 스핀은 위 방향이다'라는 정보를 전달한 셈이다. 과연 전자와 양전자가 멀리 떨어져 있어도 정보가 전달될까? 전자의 상태를 측정한 직후 양전자의 상태를 측정할 수 있는데, 때에 따라서 전자로부터 양전자로 정보가 전달될 때 광속보다 빨라야 한다. 이것을 두고 아인슈타인은 이상하지 않느냐고 말했다.

9 비국소성과 양자 얽힘

EPR 패러독스가 제안되었을 당시만 해도 진위를 밝힐 방법은 없다고 여겼다. 그러다가 1964년, 영국의 물리학자인 존 스튜어트 벨이 EPR 패러독스의 진위를 실험으로 분석하는 벨 부등식Bell's inequality을 유도했다. 이후에 기술이 발전하여 실제로 벨 부등식을 확인하는 실험이 가능해졌다. 1980년 프랑스의 물리학자인 알랭 아스페는 실험을 통해서 측정하기 전에는 어떤 상태도 명확하다고 확정할 수 없다는 사실을 증명하였다.

파이 중간자가 붕괴해서 만들어진 전자와 양전자는 관측이나 측정 등 외부 요인과 상호작용하지 않는 한, 아무리 멀리 떨어져 있어도 이 둘은 하나의 계라고 보아야 한다. 이와 같은 양자 상태의 비국소성nonlocal behavior을 양자 얽힘quantum entanglement 혹은 양자 결합quantum nonlocal connection이라고 부른다.

양자론의 범위에서는 원격 작용이 광속보다 빠르게 일어날지도 모른다. 실제로 2008년 양자 얽힘을 일으킨 계를 측정하는 실험에서, 양자 얽힘의 영향이 광속의 1만 배의 빠르기로 전달된다고 해석할 수 있는 결과를 얻었다. 그렇지만 과학자들은 이 결과가 반드시 정보 전달을 의미하는 것은 아니라고 생각한다. 양자 결합을 이루고 있는 계에서는 한쪽의 양자 상태를 관측하여 수축이 일어나야 비로소 다른 한쪽의 양자 상태가 확정된다. 그러므로 한쪽의 양자 상태를 관측하는 것만으로는 새로운 정보가 생기지 않는다.

마치며

과학의 역할은 우리가 사는 세상의 이치를 연구하고 우리 세계의 얼개와 변화하는 과정, 인간처럼 지적인 생명체가 출현한 원인이나 이유 등을 찾는 것이라고 생각한다. 과학은 고대 그리스 시대부터 싹트기 시작했지만 뉴턴이 쌓은 근대 과학(고전물리학) 덕분에 과학기술과 현대 문명의 길이 열렸다. 또한 20세기 초에 쌓은 상대성이론과 양자론의 두 기둥이 과학의 발전에 크게 이바지했다.

한편으로 19세기까지 과학적 세계관은 기계의 시스템처럼 비교적 이해하기 쉬웠다. 상대성이론과 양자론으로 과학계가 크게 변화하면서 이루 말할 수 없이 심오해지고 흥미로워졌으나 상식으로는 도저히 이해할 수 없는 산물이 되고 말았다.

저자는 블랙홀을 전공한 상대성이론 전문가로서 지금까지 상대성이론 관련 서적을 여러 권 집필했다. 하지만 양자론에 관해서는 대학에서 강의를 들은 정도라서 책 일부를 훑는 것에 그쳤기 때문에 전문가라고 당당하게 말할 수 있는 처지는 아니다.

그런데도 저자 나름의 방식으로 양자론을 정리하고 싶다는 뜻이 있었고, 이번에 운 좋게 기회를 얻어 책을 쓰게 되었다. 양자론 전문가가 아니라서 '익숙하지 못한' 글만으로는 무척 흥미로운 양자 세계를 전달하기에 충분하지 못했을 것이다. 부족한 부분은 만화의 힘을 빌려 이해하기 쉽게 채워졌다고 생각한다. 멋진 일러스트와 3명의 캐릭터를 그려 준 이구치 치호 씨에게 감사의 말씀을 드린다. 또한, 이 책을 출간하는 데 기획부터 일러스트 아이디어까지 마스다 겐지 씨에게 많은 도움을 받았다. 이 자리를 빌려 다시 한 번 감사의 말씀을 전하고 싶다. 그리고 무엇보다 이 책을 읽어 주신 모든 독자 여러분에게 가장 깊은 감사의 말씀을 전한다.

―후쿠에 준

만화 양자역학 7일 만에 끝내기

펴낸날	초판 1쇄 2016년 2월 28일
	초판 3쇄 2018년 2월 2일
지은이	후쿠에 준
옮긴이	목선희
펴낸이	심만수
펴낸곳	(주)살림출판사
출판등록	1989년 11월 1일 제9-210호
주소	경기도 파주시 광인사길 30
전화	031-955-1350 팩스 031-624-1356
홈페이지	http://www.sallimbooks.com
이메일	book@sallimbooks.com
ISBN	978-89-522-3339-4 43420

살림Friends는 (주)살림출판사의 청소년 브랜드입니다.

※ 값은 뒤표지에 있습니다.
※ 잘못 만들어진 책은 구입하신 서점에서 바꾸어 드립니다.

이 도서의 국립중앙도서관 출판시도서목록(CIP)은 서지정보유통지원시스템 홈페이지
(http://seoji.nl.go.kr)와 국가자료공동목록시스템(http://www.nl.go.kr/kolisnet)에서
이용하실 수 있습니다.(CIP제어번호: CIP2016005869)